谈天说地

陶世龙 著

图书在版编目（CIP）数据

谈天说地／陶世龙著．-- 北京：华文出版社，2013.6
（地球大视野丛书）

ISBN 978-7-5075-4005-5

Ⅰ．①谈… Ⅱ．①陶… Ⅲ．①人类活动影响－自然环境－青年读物②人类活动影响－自然环境－少年读物
Ⅳ．①X24-49

中国版本图书馆 CIP 数据核字（2013）第 117906 号

谈天说地

著　　者：陶世龙
责任编辑：刘超平
美术编辑：孙　钊
出版发行：华文出版社
社　　址：北京市西城区广外大街 305 号 8 区 2 号楼
邮政编码：100055
网　　址：http://www.hwcbs.com.cn
投稿邮箱：hwcbs@126.com
电　　话：总编室 010-58336210　责任编辑 010-58336229
发行部 010-58336270　010-58336265
经　　销：新华书店
印　　刷：北京米开朗优威印刷有限责任公司
开　　本：710mm×1000mm 1/16
印　　张：10.25
字　　数：110 千
版　　次：2013 年 6 月第 1 版
印　　次：2013 年 6 月第 1 次印刷
标准书号：ISBN 978-7-5075-4005-5
定　　价：30.00 元

《地球大视野丛书》编辑委员会

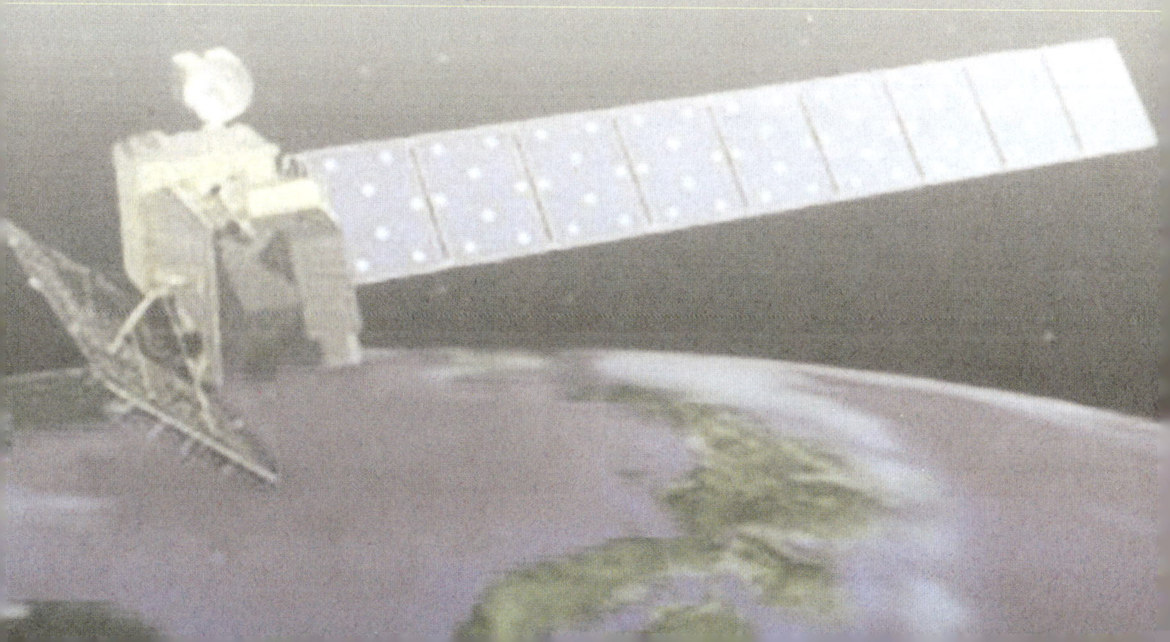

序

地球——茫茫宇宙中唯一孕育高级生命的星体，星移斗转，沧海桑田，风云变幻，气象万千。人类生存在地球上，演化、繁衍、摄取、发展，由受控于自然逐步走向顺应自然和改造自然，对地球的认识、探索、研究、利用，逐渐发展成一门研究地球的形成、特征、发展、演变规律的科学——地球科学。

随着人类知识的积累和科技水平的不断提高，地球科学获得长足进展。从18世纪开始，对自然资源的科学利用带来了人类社会发展的飞跃。如煤的大量发现和开采，使蒸汽机的广泛利用成为可能，从而推动了当时的工业革命。再如大规模油田的发现和开发，铀、钍等矿产资源的发现和利用，又为内燃机和原子能技术的发展提供了物质基础。地球科学的每一次重大发展，都可能引起生产技术的革命，大大加速社会发展的进程，给社会生产和人民生活带来巨大变化。进入21世纪，地球科学从资源时代发展到环境时代。迎接人口、资源、环境、灾害的挑战，保证人类持续发展，成为地球科学的主要任务。

科学进步促进社会发展，社会发展为科学进步提供保障。地球科学伴随着人类进步，逐步发展成为包括地质、地理、气象、环境及其有关的边缘学科的庞大科学体系，几乎辐射到自然科学的其他各个领域，集中了人类最高智慧的新技术手段，是自然科学的重要组成部分，是马克思列宁主义世界观、方法论的重要学科基础。地球科学在人类实践和应用中，具有十分重要的基础作用。普及地球科学知识，对于全面树立落实科学发展观，尊重和遵循自然规律，促进人与自然和谐发展，具有重要的现实意义。普及地球科学知识，对于反对迷信邪说和伪科学，弘扬科学精神，在全社会形成崇尚科学、鼓励创新的良好氛围，具有重要的推动作用。

中国老科学技术工作者协会国土资源分会，聚集了300多名离退休的老科技工作者。十几年来，他们以贯彻“科教兴国”的战略方针为宗旨，坚持老有所为、服务社会，不顾双鬓作雪，始终寸心如丹，做了大量有益的工作。近年来又组织部分老科技工作者，策划、编撰了一套集科学性、知识性、实用性、趣味性于一体的地球科学丛书，奉献给社会。这套丛书着重针对当前人们在认识地球科学方面存在的一些误区，抓住与经济、社会发展和人民生活密切相关的一些热点问题，通过自问自答，讲述引人入胜的典型事例、故事，采用或比拟、或讨论思辨等写作手法，在向人们普及地球科学知识的同时，还告诉人们怎样用科学的思想、科学的方法，去观察问题、处理问题，是科普丛书中的一枝奇葩。

我相信，丛书的出版发行一定会对建设学习型社会、普及科学知识，做出应有的贡献。借此，感谢国土资源分会老科技工作者的春蚕精神！感谢中国老科学技术工作者协会的鼓励和支持！

再版序

地球是人类的摇篮。自人类诞生之日起，就开始了认识地球的历程。上古时代，我们的先民对地球的认识是神秘的，对大地的态度是尊崇的。希腊神话中的大地之神盖亚创造了众神，而中国神话中的大地之母女娲则创造了人类。在人类文明的“轴心时代”，哲人们对地球的认识是朴素的、理性的。古希腊哲学家毕达哥拉斯在公元前五六世纪就断定地球是圆形的。中国的先哲们则认识到大地虽不具人格，但具有我们人类应当学习的品德。可见，早期人类对大地充满了敬畏感。

近现代科学技术的发展改变了人类对大地的认识和我们对待地球的态度。人类不仅几乎在陆地的任何角落都留下了足迹，而且下潜深海、上游太空。我们发展了地理学、地质学、海洋学、大气物理学、古生物学等地学学科；我们对地球的认识从未如此的系统且细致。基于这些地学知识，我们开发利用地球，而大地也慷慨地给予我们丰厚的回报，让我们人类的物质生活前所未有的丰富。

但大地的慷慨也助长了人类的贪婪和狂妄。我们曾不知节制地开采矿藏，也曾肆无忌惮地破坏环境。现在我们认识到，地球的承载能力是有限的，地球的生态系统是脆弱的。在可以预见的未来，地球仍将是我们唯一可以居住的星球，大地仍然是我们唯一可以依赖的母亲。

对于中国这样一个正在复兴并加速发展的大国来说，地学知识从未如此重要。当前，不断崛起的中国正在逐渐向远海和太空挺进，我国的专业人员所掌握的相关知识越来越多。然而，要实现中华民族的“中国梦”，仅仅靠专业人员拥有丰富的地学知识是不够的。树立全民的全球意识、在全体国民中普及立体的地学知识十分必要。《地球大视野丛书》涉及了从陆地、海洋到天空的方方面面，对于拓展大众视野很有帮助。

该套丛书2007年初版，由数名中国老一辈地质工作者撰写，受到了读者的广泛欢迎，是一套很有意义的科普书籍。作为国土资源部主管的公募基金会，中国古生物化石保护基金会肩负着“协助政府，动员社会力量，促进古生物化石及地质环境保护公益事业，提升全民科学素质”的使命。为不断普及古生物与地学科学知识，我会继原推广“我赠你读”古生物科普书籍后，又与中国老科学技术工作者协会国土资源分会合作，再次出版《地球大视野丛书》。今后，我们将与地学界、古生物学界继续合作推广系列科普丛书，将古生物学与地学科普作为长期的任务。我们相信修订再版的《地球大视野丛书》将对我国建设知识型、创新型社会做出新的贡献。

编委会

2013年4月

目 录

目录

前言

“中华传统文化的优点之一是从总体把握事物、研究问题、抒发情感。寥寥数语就能道出事物的面貌或本质。”近代以来，常有人以此自诩，鄙薄来自西方的科学是分科研究局部，没有整体观，其实这是对自然科学特别是对地球科学不了解产生的误会。

发生于欧洲的自然科学，开始确是将自然界分割研究，而有各学科之建立。但经过长期观察、反复实验和逻辑思维的运用，认识能力提高，到 18 ~ 19 世纪，已不仅能从整体上而且能把时间和空间统一起来认识，地质学的建立，即为其表现。

地质学继哥白尼之后，突破神学的思想禁锢，到 20 世纪后期，已能认识地球乃是分别由岩石、矿物、大气、水和生物所构成的地球各圈层共同组成的一个巨大系统。各圈层既有区别又一刻不停地相互作用，今天的地球环境，只不过是这个系统暂时保持相对平衡的产物，因而得到了前所未有的符合客观实际的整体认识，提高了应对正在发生和将要发生的地质变动的能力，对维护人类生存环境具有重要的现实意义。

实际上，对事物的局部不认识，是无从正确认识事物的整体的。先秦庄周以“庖丁解牛”为喻，说明有经验的屠宰师傅在剖解牛体时能得心应手，运用自如，迎刃而解，是因为这位庖丁已对牛体各部分非常熟悉，故能“游刃有余”。

遗憾的是，这种经过实践去认识客观世界、合乎科学要求的方法，在古代中国没有得到发展，对自然界的变化，不是到自然本身去找原因，而是冥思苦想，用人、事来解释。因此尽管中国古代贤哲对大自然的认识，迸发过不少天才的思想火花，但现代自然科学没有在中国首先建立起来。

诗仙李白注意到："孤帆远影碧空尽，唯见长江天际流。"却无人去做大地是球形的探索与论证。

以为"地者恒静，动则非常"。遇到自然灾害，总有人以为是上天示警。虽然我国也有少量先哲从一些地质现象认识到海陆变迁，但缺少后继者去深入考察研究，未能上升形成一门学科。

地质学不得不从境外引进，至今对许多人来说仍感到生疏，以致人类认识地球处于初级阶段产生的一些似是而非的错误观念，仍在当今社会生活中起作用。

为此，笔者写了一些文章尝试从科学的角度去评析，是个人的粗浅看法，有待深入探讨，亦有抛砖引玉之意。

中国老科学技术工作者协会国土资源分会《地球大视野丛书》编辑组，将这些文章选出一部分，编辑成为本书，除了笔者近期写作尚未出版过的科普文章外，根据本书主题和体例的需要，还收入了一些发表过的作品。有的是原文照录，部分作了删节、修改、补充。如有不当之处，欢迎批评指正。

由于本书篇幅所限以及体例要求等原因，文章本有资料引用出处，现均略去，谨此说明。

第一章

从天谈起

天是中国人最常用的一个字。按中国最早的字书《说文解字》的解释，天表示至高无上。“国以民为本，民以食为天”的“天”就是这个意思。

天字在甲骨文中就有出现，是一个头部突出的人的形象。最初的意思仅仅是用来表示人的头顶。殷商人特别崇拜鬼神，他们心目中至高无上的主宰被设想住在天上， 但在甲骨文中是用“帝”来表示而不是“天”，那时的人似乎还没有把头上的整个空间明确地看成一个系统。

周武王伐商誓师时，责备纣王“弗敬上天，降灾下民”，他这是执行天的命令来了。三篇誓词，不到800字，“天”字出现了19次。

周战胜了商，成为中国新的统治者，天成了宇宙万物的最高权威、道德的最后裁判，后世无不奉行。

秦王政十九年（前228年），嬴政在中国历史上第一个自称皇帝，他命工匠将李斯写下的“受命于天，既寿永昌”八个篆字，刻在灭赵国时得到的和氏璧上，作为他的传国玉玺。从此这块石头便成了神圣之物， 后来被想当皇帝的野心家争来夺去，以为得到这块传国玉玺，自己便也“受命于天”，即从天那里得到统治万民的合法性了。皇帝被称为天子，“普天之下，莫非王土”，所有的土地、人民都是属于皇帝一人的家产，任他摆布，天经地义。所以刘邦和朱温当了皇帝，都忘不了向本是农民的他们的父兄夸耀，你看我置的家业有多大！臣下也跟着山呼万岁。别说皇帝，就连晁盖和宋江占山为王，也打的是“替天行道”的旗子。

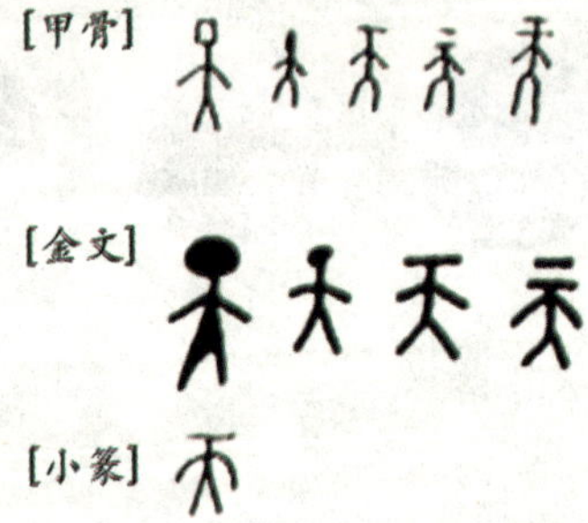

当人们处于绝望之际，常常会呼喊“天啊”、“苍天在上”，天成了他们最后的希望。这个精神世界之“天”比自然界之“天”更是无所不在地渗透到中国人的生活中。只可惜总是叫天天不应。因为这是个想象出来的实际并不存在的精神之“天”。

中国人用天来表示他所能感知的空间，亦即整个大自然，也很早。“天地玄黄，宇宙洪荒。”这里的“天”，是客观存在的自然之天。但在古代的中国，人们对于自然之天的表面现象尚未看清，可以产生女娲炼石补天、嫦娥奔月之类的神话和幻想故事，对其本质则无科学的认识。

“敕勒川，阴山下，天似穹庐，笼盖四野。”是中国北朝鲜卑族民歌中的歌词，描绘了草原上所见的天空。“未晚先投宿，鸡鸣早看天。”这里的“天”还多了一层根据看到的天空现象推测天气的意思。

因为这个自然之天，与人朝夕与共，与人的生存息息相关，人们到现在，很大程度上还是在靠天吃饭。所以，历史上的中国人很注意对这个自然之天的观察，留下了丰富的记录。可惜没有能把天作为一种单纯的独立的自然现象去研究，而是把自然之天和精神世界的天混在一起。并且将人间的伦理秩序、道德规范都看成是体现在自然之天所显示的现象中，而天象的变异则预示着祸或福将降临人间，因而成为中国人认识世界和行事的准则。《易经》开宗第一章有一句话，“天垂象，见吉凶，圣人则之”。这里的“天”，就成了和人一样有思想意志、喜怒哀乐，具有超人而且超自然的神秘力量。

自然界出现的日食、月食、陨石坠落、地震山崩、洪水泛滥或久旱不雨、蝗虫蜂起、花木不合时令的开放或生长等现象，被视为上天的警示或惩罚，认为是人，特别是君主做了坏事的结果；黄河清、彩云现、禾生双穗等，则被视为祥瑞，这时群臣上表致贺，被认为是上天对皇帝爱惜百姓、听取和尊重民意、把国家治理得好的奖励。

汉武帝时，儒者董仲舒将这些历代流传的原始观念、理论化为“天人感应”说，并得到官方的肯定，从此长期支配了中国社会。董仲舒的原意，或许是想让人君看到，在他之上还有个比他更有权威的天，“天视自我民视，天听自我民听”，“民之所欲，天必从之”使皇帝因敬畏上天，不得不对自己残虐百姓的行为有所收敛，但实际上难以见效。因为中国传统文化中有一套禳解罪恶的手段：如用祭祀以贿赂天地神灵，将责任推给臣下，让他们当替罪羊；请和尚道士给冤死者念经超度，腐败的统治者照样腐败并心安理得。反过来，他们倒可以用“天尊地卑”来说明人世间的尊卑体现着天意，人生来就是不平等的，在下者应当服从在上者，合于宇宙的公理。用以巩固专制皇权和贵贱等级秩序。

特别是按照这种思维方式，发大水是“小人专制擅权，妒忌贤者”；闹蝗虫，是皇帝和官员残暴；总之不是自然界的问题，而是谁也说不清的“阴阳不调”。因此，出现旱灾要禁屠宰、关南门、求龙王；出现瘟疫，请道士打醮、找端公跳神；有人亡故，请阴阳师找风水宝地埋葬，以求多福多寿多子孙……

因此，不论这个精神之“天”在文人的头脑中和笔下是多么高超优美，将自然之“天”与精神之“天”混在一起，归根到底阻碍了中国人去正确认识自然。

所以，我们必须把传统文化中的“天”的多种概念分清，剥离它的神秘色彩，还自然之“天”的本来面目。

青天的秘密——认识自然之天

> 青天何历历，明星如白石。
>
> ——李白

蔚蓝辽阔的天空加上闪烁的群星，留给人们无限的遐思。它的纯净无瑕和开阔，成了公正廉明的象征，人们称之为青天。

青天是我们能直接感受到的自然之天。但这个天并不总是蔚蓝色的，许多时候表现为浅蓝色、黄色、鱼肚白色、灰色……并有云雾飘浮，日出日落时还常伴有霞光万道，每当黑云低垂，则多有大雨从天而降，乃至雷电交加。生活在地球各处的人，最初都不约而同地把这个天看作神灵的住所、天堂的所在，因为这个天对人类的影响太大了。

从科学的角度来看，我们头上的青天并无神秘之处，它不过是地球大气圈存在的表现，是空气分子散射阳光产生的效果。

太阳光本是红、橙、黄、绿、蓝、靛、紫等七种颜色的光混合在一起的，其中蓝色光、靛色光和紫色光较易被空气的分子散射开来，并以蓝色光散射得最多。因为大气中不仅有空气，还悬浮有液体和固体微粒，如细微的水滴和尘埃。这些微粒比空气的分子大，经它们散射出来的是其他颜色的光，所以当它们的含量增多时，天空的颜色就会改变，沙尘暴到来时天空变得灰黄，降雨前天空呈现灰黑，即是其表现。

因此，李白诗中的天空景象并不是经常可见，而且在空间上也是有限的。因为阳光在过于稀薄的空气中不能散射，只有地球大气圈低层的空气才能产生这种效应。整个地球大气质量的 99.999% 以上，集中在地球周围高度低于 10 千米左右的空间内，这里的地球大气，从高到低，由疏到密，还有很大差异，散射出来的各色光的多少不同，天空的颜色也不一样。1934 年 1 月 30 日，苏联陆军的探空气球升空，最高到达了大约 22 000 米的高度，在那里停留了 12 分钟后开始降落。不幸在降到约 12 000 米的高度时，因降落的速度太快，使系住吊篮的绳索部分折断，失去平衡，最后脱离气球坠下，坐在吊篮中的三位探空先行者，全部遇难。事后从气球残骸中找到的记录使人们得知，随着气球的上升，所见到的天空颜色逐渐加深，从淡蓝、深蓝、紫色、紫黑直到成为黑色。在 18 000 米的高度上看到的天空，“犹如黑色的丝绒，略带深蓝之色”。

在珠穆朗玛峰上看到的天空已是紫色的了。而在十几千米的高空，我们日常所见的天空就看不到了，只剩下无边的黑暗。1961 年 4 月 12 日，第一艘载人宇宙飞船上天，宇航员加加林看到了黑洞洞的天空，证实了科学家的论断。

在以后的太空探测中，有宇航员描述，我们的地球在太空中看来，有点像一颗晶莹的蓝色玛瑙球。这蓝色就是我们

航天飞机拍摄的地球高空

头上的青天。

青天是地球大气圈存在的表现，它紧紧裹住固体地球，使地球在无边的黑暗中也能够显现出自己的轮廓。

在这张航天飞机拍得的地球图片中（见上图），我们可以一眼看出青天的高度是有限的。还要补充一点，风云雷电这些天空现象能够展现的空间更是有限，因为它们的出现需要大气中含有水，而地球大气圈中的水分约有 90% 集中在 5 000 米高度以内的大气底层，雨雪冰霜、寒潮热浪等天气变化，都发生在这里。在此以上，不管下面如何黑云弥漫，大雨滂沱，上面仍是晴空万里。乘坐过穿越对流层航行飞机的旅客都可能见到过这样的景象。

如果把自然之天定义为就是我们头上的青天、苍天、黄天……或者“鸡鸣早看天”的天，那这个天是有涯的，天高也可测。这也证明什么天上宫阙、琼楼玉宇、玉皇大帝均属子虚乌有。这个天就是地球大气圈的低层，我们要认识的自然之天，主要就是它。

但越过青天，在漆黑一片中，群星仍在，只不过不是晶莹如白石，而是刺目如火花了。以为它们镶嵌在蔚蓝色的天穹上是一种错觉，它们离我们头上的青天远去了，远到需要以光年来作为长度单位计量。1 光年等于 94 605.3 亿千米，而现已观测到的离我们最远的天体，远在 100 亿光年的距离以外！

所以青天之外还有天，这个天就是宇宙。许多署名为谈天的书，谈的就是宇宙。

在本书中，因笔者是在试图解决认识地球的误会，所以不去谈那天外之天，而是着重于讲一讲我们头上的青天。因为这个天，实际上也是地球的一部分。

通常都说我们住在地球上，但严格地说并不准确，应该是我们住在地球中。

因为在我们的头上还有一个十几千米厚的空气层，人类就像栖息在海底的鱼类，生活在空气的海洋中。我们离不开空气，就像鱼类离不开水一样。人类习惯于承受空气压力就像鱼类承受水的压力一样。尽管空气很轻，但由于空气层那样厚，分量就大了，在海平面的高度上，1 升干燥空气的质量约为 1.3 克，算起来在这里每平方米面积上承受的空气质量达到 10 吨！

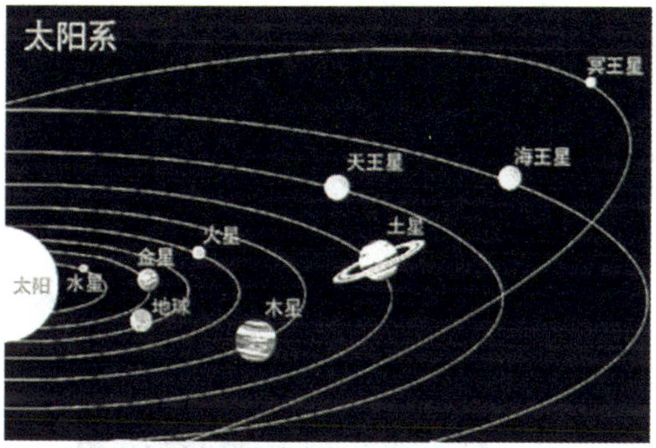

太阳系示意图

在地球上，地势升高，压在上面的空气层减薄，空气的密度也相应变小，在 5 000 米的高度，1 升干燥空气的质量，只有 0.7 克左右。地面承受的大气压力仅有海平面上所受的大气压力的 1/2 稍多一点。这种空气的密度和压力还能为人类所忍受，再往高处去，空气越发稀薄，气压越发降低，人类就很难长期在那里居住。比如说，登山运动员攀登海拔 8 844.43 米高的珠穆朗玛峰，在达到一定高度以后，因大气中氧气奇缺，就必须吸入自己携带的氧气，正是这个道理。

因此，尽管地球的面积广大，适合人类居住的地方有限，高度就是一项限制，高度在 5 000 米以下的一带，空气稠密，适于人类呼吸。特别是只有在这个高度内的空间里，集中了地球上绝大部分的水，而水是人类要生存下去所不可缺少的，对于其他生物也是这样。

大气圈——地球真正的外壳

航天飞机在重返地球经过大气层时，因高速飞行与空气摩擦形成高热，航天飞机是以覆盖有绝缘隔热瓷片的机壳迎向大气层，它与空气摩擦产生高热与耀眼的亮光，电视媒体所播放航天飞机飞行高速光点就是由此而来。

东汉张衡对天地的结构有过“天如鸡卵，地如卵黄”的比喻，如果这天是指我们头上的青天，即地球的大气圈，倒是很贴切的，不过这个“蛋壳”不是固体的硬壳而是激荡无形，风云多变。但它所起的保护作用，却胜于铜墙铁壁。

大气圈

在张衡的时代，人们认识不到这一点，只是近百年来，在高空探测的科学技术建立和发展以后，才逐渐看清，曾被误以为空虚无物的大气圈，竟是地球真正的外壳。

下面就是“气壳”显现的一个实例。

原定于美国东部时间 2003 年 2 月 1 日上午 9 点 16 分（格林尼治时间 14 点 16 分）降落在佛罗里达航天中心的美国哥伦比亚号航天飞机，在降落前 15 分钟左右，飞船与地面控制中心失去联系。当时飞船离地面 61.6 千米，时速达 20 000 千米。电视图像表明，船体在空中坠落，伴有数道白色烟迹。正常情况下应该只有一道烟迹，这是飞船解体的表现。有碎片坠落在得克萨斯州达拉斯以南 160 千米处，得克萨斯州的居民听到了巨大的爆炸声。

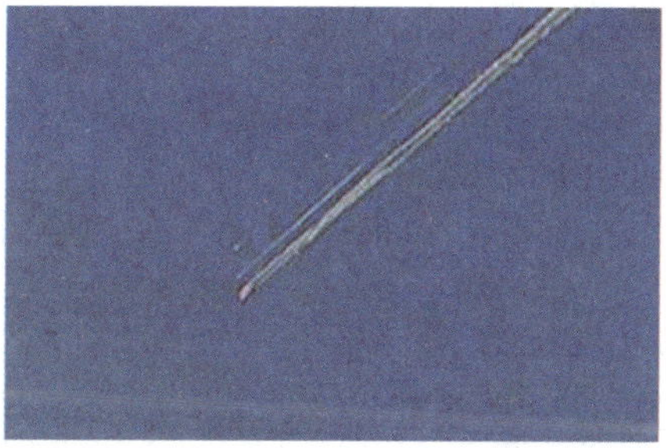

航天飞机在重返地球经过大气层时，因高速飞行与空气摩擦形成高热，航天飞机是以覆盖有绝缘隔热瓷片的机腹迎向大气层，它与空气摩擦产生高热与耀眼的亮光，电视媒体所播放的航天飞机飞行高速光点就是由此而来

美国哥伦比亚号航天飞机失事的原因，虽然还在探究，但很大的可能是覆盖航天飞机表面的隔热瓷片损坏所致。千里之堤，溃于蚁穴，这架飞机机体上的 2 万多块瓷片，有一块损坏，就有可能导致它的毁灭。

大气圈是地球真正的外壳，在航天飞机失事的过程中清楚地显现出来了。是大气在阻挡航天飞机的冲入，也阻挡着一切来自地外的不速之客，当它们进入大气圈底部比较稠密的空气中时，闯入物前端的空气体积受到急剧强烈压缩， 温度可陡然升高到几千摄氏度以上。此时航天飞机如失去隔热层的保护，焉能不解体散落？其表面因高热而气化的物质，随闯入物继续前冲，

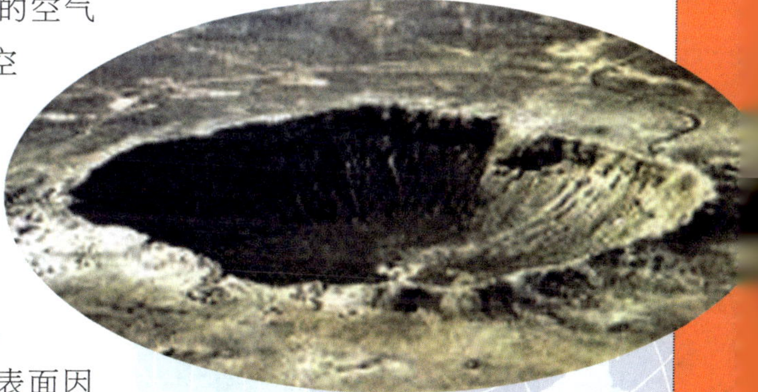

美国亚利桑那州陨石坑

与空气分子撞击发光。

陨石的坠落，使人们可在夜空中见到它如火球掠过。这次航天飞机的失事，摄像机录下了高速移动的光点。

宇宙中高速冲向地球的天然固态物体，因受到大气的阻挡，产生高热，减慢了速度，绝大部分在100千米上下的高空，化为气体和微尘，只有极少数到达固体地球的表面（以下简称地面），成为陨石或陨铁，它们的体积已因熔化碎裂而大大缩小，所以，一般不会在地面上造成灾害。

假使没有大气，地面将像月球上那样，被撞击成百孔千疮，到处是沙砾尘土，一片死寂。

无形的甲胄

地球大气圈的质量，约有5 000万亿吨，不到地球总质量的百万分之一，但它所构成的这个紧贴固体地球连续的、封闭的圈层，所占有的空间，远远大于由岩石构成的地球的固体部分。它的密度自然也就很低。全部大气圈质量的90%集中在高于海平面16千米以内的空间里，并且是愈高愈稀薄。80～100千米高度以下的大气，尽管有稠密稀薄的不同，但都是以氮为主，还含有大量氧气的空气。再往上去就大不一样了，自下而上依次变为以氧、氦、氢为主，并且不是以分子状态而是以原子及原子再分裂而产生的粒子状态存在。

贴近海平面的空气，在常温（15℃）下，除去所含的水和尘埃，其组成物质，如按体积计算，约78%是氮，约21%是氧。其他成分还有多种，但含量均微，像二氧化碳是常可遇到的，仅占0.03%左右。这里空气的密度为每立方厘米1.23×10^{-3}克，即千分之一克多一点。到240千米高空，大气密度只有这个密度的一千万分之一；1 600千米高空，更只有它的一千万亿分之一。高层大气稀薄的程度，比人造的真空还要“空”，没有明显的边界，但是，在那里确实还有气体的微粒存在。

通常我们看到的，构建城墙的材料越是坚固，越能抵抗外来侵袭，所以明王朝不惜毁掉大片森林来烧制特别结实的城砖。铜墙铁壁，固若金汤，成为文人夸张的想象。

然而，有形的固体材料，再坚固也没有不可摧毁的。“举刀断水水更流”。液体无形，也就不会破裂。空气也是如此，流动性更强。那些外来的固态物体，进入空气所构建的圈层，看起来仿佛在空若无物的空间中快速前进，实际上每前进一步便要消耗掉自身的一分能量，终于成了强弩之末，而大气圈则始终保持自己是一个连续的完整的圈层。

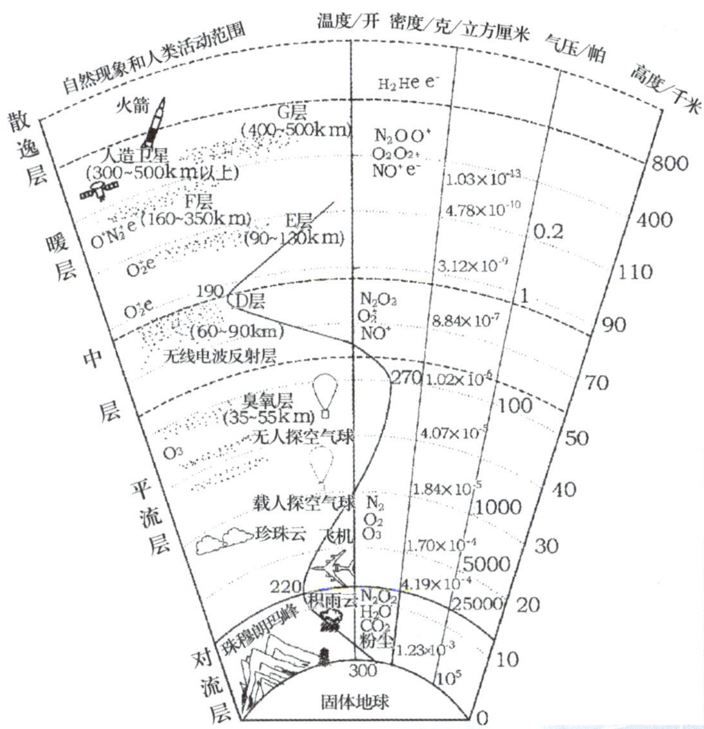

大气层示意图

“天下之至柔，驰骋天下之至坚”，有形的至坚之物体，遭遇到无形的至柔之大气，只能认输了。但是冲击地球的还有无形的地外来客，无形遇无形，大气圈怎样抵挡呢？

确实不容易了，幸好这些无形的入侵者主要是太阳辐射，其中大量是人类生存所需的光和热，我们当然欢迎，但也有能伤害人体及其他生命的杀手，紫外线就是大家熟知的一种。亏得空气中的氧分子能将波长短于240纳米的紫外线吸收，同时自身分解成为氧原子，这些氧原子随即又组成新的氧分子，并有约千万分之一是三个氧原子组成的臭氧。臭氧能吸收波长在240～290纳米之间的紫外线，同时自身分解为原子状态和离子状态的氧。这些大气中氧原子和离子以及氧分子，不断分解和重组，使大气圈中臭氧的含量保持大体稳定，能够使到达地面的紫外线的量不多，无害于人。

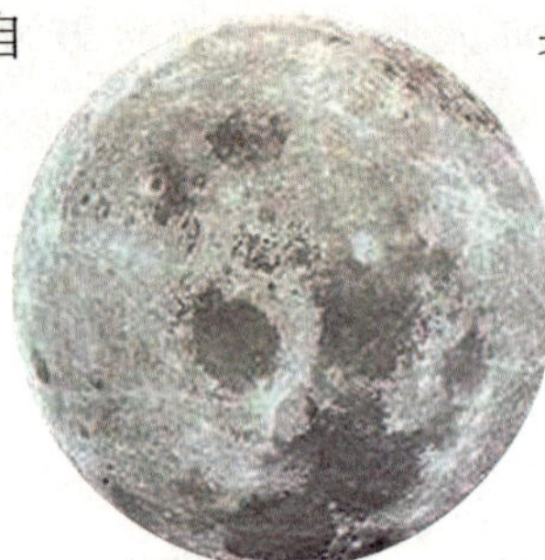

月球的表面

地球大气圈中的臭氧，如果聚集在一起，置于常温常压下，其厚度也不过仅有3毫米，可见其量之微，但从地面到几十千米的高空都有它的存在，在高于海平面33～55千米的范围内，含量较多，遂称这里为“臭氧层”，其中不同部位的臭氧含量并不一致，上下的边界也不确定。近年被人们关注的臭氧层出现空洞，实为某个区域的臭氧含量降低到它不足以拦截紫外线，保证人不受到危害的程度。由于地球大气圈中的臭氧在不断地分解和重组，在大家采取措施减少直至消除破坏臭氧层的人类行为后，这种“空洞”可以而且正在补上。

无形的侵入者还有太阳外层的炽热大气射来的高速带电

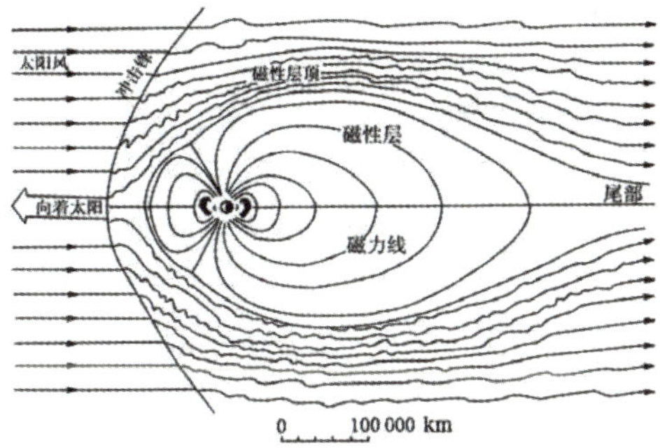

地球磁层结构示意图

粒子流，以及来自宇宙空间的、以氢原子核和氦原子核为主的各种高能微观粒子。

持续稳定地从太阳射出的带电粒子流，被称为太阳风，它吹向地球的速度达到每秒350 ~ 450千米，而地球上的十二级台风的风速也不过每秒几十米。当太阳表层上出现耀斑，即太阳发生爆发时，冲向地球的粒子更多也更猛烈。可以想见，如果这些粒子都扑到地面，可以扫荡一切生命，但是这样的事件没有发生。原来在地球大气圈的最外层那些粒子也是带电的，它们受地球磁场的控制而在那里快速运动，形成了一个具有磁性的圈层，那些外来的带电粒子碰到它，不是被它俘虏吸收，就是改变

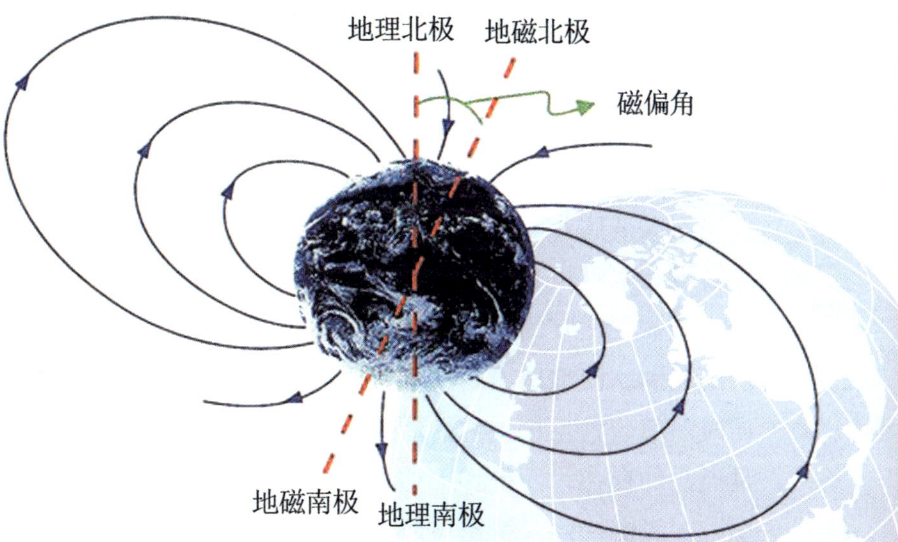

地球的磁场

方向绕行，从而使地面安然无恙。

看起来空明无物的大气圈，原来是地球的万里长城，这种作用现在看得越来越清楚了。但若没有科学的进步和探测太空等技术手段的出现，我们只能是茫然无知，现在得到的认识也仅仅是开始。

天高并非任鸟飞

“海阔凭鱼跃，天高任鸟飞”是我国相传已久的谚语。在人们的眼里，鸟儿真是自由极了。

天空虽然辽阔深邃，但并非打开鸟笼鸟儿就能到处活动，它们一般只在不超过400米左右的低空飞翔，能冲上几千米高空的只有兀鹰等少数鸟类。雄健的兀鹰能飞上喜马拉雅山，但要达到更高的高度也不行。至于“搏扶摇而上者九万里”的大鹏，那只能是文学家的夸张与幻想。鸟类的活动不仅受着高度的限制，还受着其他许多自然条件的限制。纪录片《企鹅的故事》中的主角——一只企鹅曾被设法带到俄罗斯去，但在旅途中却因生活条件不适而死去了。同样，热带的鸟儿不能在两极生存，沙漠中也不会找到海鸥。“天高任鸟飞”也不尽然。

不仅是鸟儿，地球上所有的生命活动都要受到环境的制约。没有水就没有生命，有的还要求必须是淡水。许多植物的生长需要适宜的土壤、适宜的温度。地表的状态和地理位置的差别，使地球上出现各种不同的生存环境，各有自己的居民。每一种生物，它的活动都只能在允许的环境内，都不是孤立的存在，而是和那些与它互相依存的生物组成群落出现。“螳螂捕蝉，黄雀在后”，正说明着它们之间不可分割的关系。因此，离开了它们所依赖的环境，就难以生存。“龙游浅水遭虾戏，虎落平川被犬欺”正说明这个道理。

往高处去，绿色植物生长的最高限度约在 6 200 米，虽然在 33 000 米的高空曾发现细菌的孢子和白霉菌，但它们并没有活跃的代谢作用。

往低处去，海水深度每增加 10 米就要增加一个大气压。在深海海底，静水压力比地面上大气压要大几百倍至一千倍以上。此外，在几十米的深度，部分光线已被吸收，到 1 700 米以下，更没有任何光线存在。在这种环境里，一般鱼类是无法生存的。只有个别特殊的鱼类和生物，可以让海水渗入它们的体内以保持体内外压力的平衡，能够在这里生存。“海阔凭鱼跃”也不尽然。

陆地上的生命活动主要是在地面上，在地下的土壤、岩石里，也有生命的存在，一克土壤中可以有几亿至几十亿个微生物。在地下 4.2 千米深处也曾发现微生物。蚯蚓、田鼠等都是常见的地下住户，但一般活动范围仅限于地下十几米以内。在人的眼里，地是广大的，海洋更是浩瀚。但仔细考察一下，这个地球上适合生命活动的空间，局限在大气与海面和陆地表面相接触的地带，而在这个地带中，并非都适于

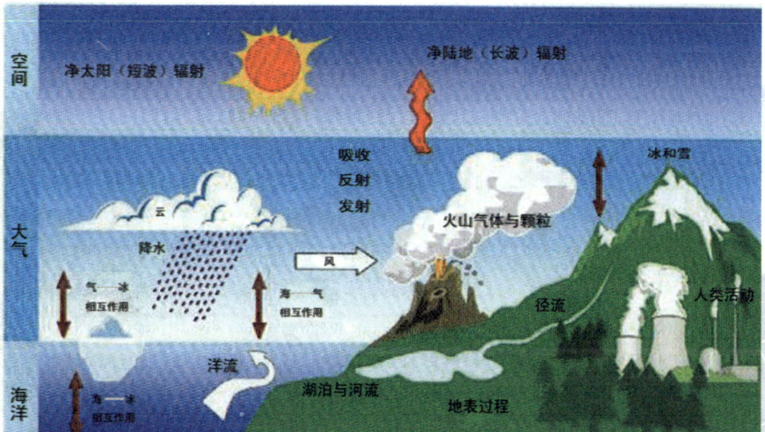

三圈层交汇处状态示意图

生命的存在。如沙漠缺水，成了不毛之地。有的水域，如死海，因为盐分过多，1 升水中含盐将近 500 克，生物也很难在其中生存。

对人来讲，他需要空气、阳光和淡水，不太冷也不太热，这样的地方更有限了。但人能制造工具还会用火，在一定范围内改造自己所处的环境。传说中有巢氏、燧人氏、神农氏、伏羲、黄帝和嫘祖的作为就是动手努力改善自己的衣食住行，因而大大扩大了人类的生存空间。

作为生物的人，在体能上许多方面不如其他动物，尽管没有翅膀，但他们所造的飞机、火箭达到了任何鸟类也达不到的高空；尽管视力比兀鹰要差得多，但是望远镜帮助人们看到了远处的景象。高山深海、严寒酷暑都不能限制人类前进的脚步。“上穷碧落下黄泉”，探天测地，人类正在扩大生命活动的领域。

人类能在生存竞争中取得胜利，就在于他面对自然不是无所作为，不听任自然的摆布。不像地球历史上的物种，90% 以上自生自灭地消失了，而是努力掌握自己的命运。这一切当然是人类创造出科学和技术的结果，要说人是“万物之灵”，灵就灵在这里。

在人类文明出现的早期，无论东方或西方，都留有洪水泛滥、生存条件极为恶劣的传说。如《孟子》所记：“当尧之时，水逆行，泛滥于中国，蛇龙居之，民无所定。”是大禹“掘地而注之海，驱蛇龙而放之菹”“险阻既远，鸟兽之害人者消，然后人得平土而居之”。大禹治水就是遵循、利用自然规律进行改造自然的行动。开凿大运河，兴修都江堰也是。今日华北的良田沃野，最初多为海滨盐土，太原本名大卤，就表示那里本是盐渍之地，是经过人类的改造才成为人们的衣食之源。但人对自然的改造不应该没有节制，最明

楼兰古城遗址

显的例子是传说秦始皇自以为权力为天所授，便可以凌驾于自然之上而为所欲为。南巡至湘山，逢大风，几不得渡，于是大怒，派刑徒三千人把湘山上的森林砍光，直到裸露出红色的土壤，作为对山神的惩罚；为修建阿房宫，砍伐的树木更多。

现代也不乏乱砍滥伐、乱采滥挖等破坏环境的行为，这

都是对人与自然的关系缺少科学认识的结果。

随着地球上人口增多，要求提高生活水平，必定会消耗更多的能源和其他资源，排出的污染物也会增加，这是环境问题日益严重的根本原因，但大概没有人为了减少污染，会愿意社会停留在原始阶段，出路只有通过发展科学和技术的途径来解决。

人作为地球生物圈的一员，他的任何行为，包括生命终结后躯体回归自然，都会对地球这个大系统产生影响。这些影响渗透在地球大气圈、水圈、岩石圈和生物圈的相互作用过程中，而不是孤立地起作用，但是人们常常认识不到。譬如沙尘暴起，有的黄尘竟落到了香港，而香港人未必都知道与他们喜欢吃发菜有关。因为当地滥挖发菜，使内蒙古一些本来长草的地面失去了植物的保护。再如一百多年前，黄浦江边沉没了一条船，没有及时打捞，结果泥沙在那里淤积，使江边增加了一块陆地。还算好，没有造成港口的堵塞，那块陆地后来建成了今日的黄浦公园。

自然界本身的变化比人所能产生的影响不知大了多少倍。在人类没有出现以前，沙尘暴就有了，而且规模很大。人类的活动可以加速或延缓这些变化，但都起不到决定性的作用，同时也并不是所有活动都会产生坏的结果。因此，不

能因为出了问题就只能守成而不能进取，关键在于能不能认识自然变化的规律和遵守这些规律。

恩格斯说：“我们对自然界的整个支配，仅仅是因为我们胜于其他一切动物，能够认识和正确运用自然规律而已。”我们需要认识的是，我们可以用电来为人类服务，但同时要遵守电的规律，否则就会电死人，出乱子，没有用电的自由了。自由是相对的，遵守客观规律与得到自由是矛盾而又统一的。

遵守客观规律并不等于等待自然的恩赐，我们需要自觉地运用自然规律去改造世界。因雷击使人死伤，而由此发现电的存在，并进而加以利用，造福于人类，这就是我们比鸟儿高明之处。因此，我们应该做的是努力去探索自然，认识自然，走出那些习以为常的认识误区。

自然　　　沙俊生 摄

第二章

地心之谜

儒勒·凡尔纳一次失败的幻想

法国作家儒勒·凡尔纳以科学探索为题材的幻想小说，充分利用当时人类已知的科学知识，在此基础上预测未来，奇想联翩，风靡一时。而如探月、潜海等情节，启迪后世，更为人所赞颂。但他在 1863 年创作、1864 年出版的《地心游记》，文字固然富于诗意，幻想却是失败的，小说中的探险者们所到达的地方，远不是地心。

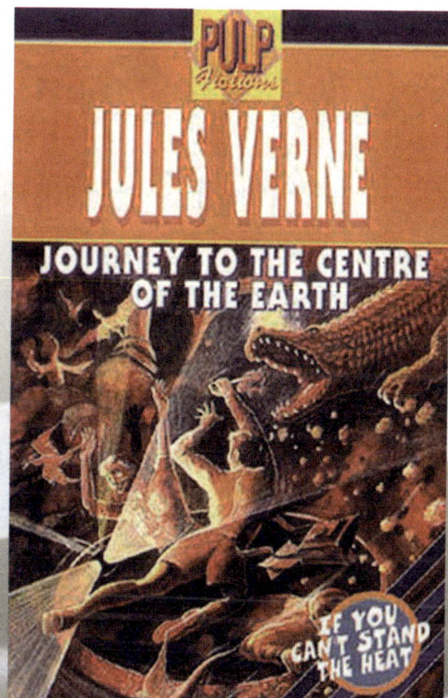

凡尔纳的《地心游记》在一百多年后仍受到小读者的欢迎，继续出版

《地心游记》讲的是，莱得布洛克教授和他的侄儿阿克赛在一位向导的帮助下，经由冰岛一个暂时沉寂的火山口，沿岩石中

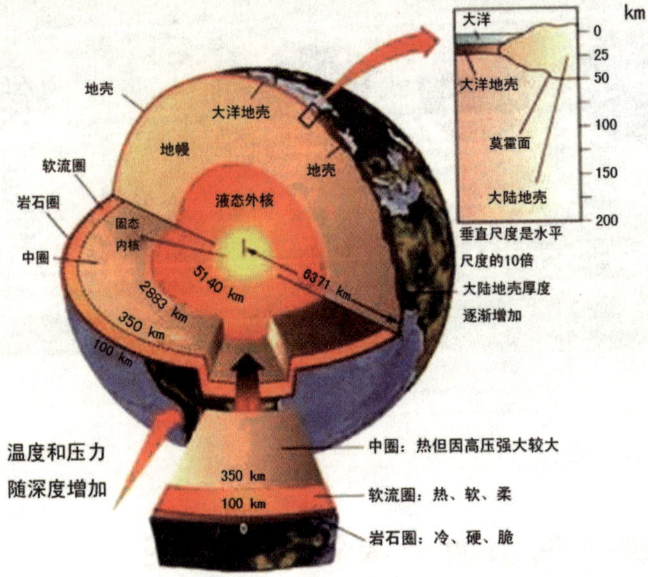

地球

的洞穴而下，历经险阻，终于抵达地心，最终奇迹般经由一次火山爆发，从地中海那边另一个火山口喷回到了地面。

固体地球的平均半径长度为 6 371 千米，而由岩石构成的表层，厚度不过几十千米，最多一百几十千米。许多火山的本源就在这岩石层中间，聚集在那里的熔融物质可以来自更深的地方，但离地球的中心仍很远。小说中的主人公，仅仅在这岩石层中转悠了一趟，凡尔纳便认为主人公游过地心了，因为他设想地心是空的。

虽然现在我们对地心的状况仍有许多不清楚的地方，但已找到足够的证据说明地心不是空的。

为什么儒勒·凡尔纳这回的幻想失败？一个根本原因是人类仅就耳目所及、所能得知的地下深处的情况，实在是太少了。难怪无论是东方还是西方，都曾以为地下是一个黑暗的不可知的幽冥世界。再一个重要原因是，凡尔纳不是以当时地质学家已得到的科学材料为基础，而是立足于美国步兵团一个叫约翰·克里夫斯·西姆斯的人提出的毫无根据的“地球空心说”去发挥想象。难怪他虽突破了神话传说的窠臼，却建立不起有科学意义的幻想。

早期地质学家的误会

在儒勒·凡尔纳的时代，地质学作为一门学科已建立起来。但对地球内部更深处的了解仍微乎其微，地质学家从火山喷出大量熔岩和气体的现象，联系到地球是一团炽热的星云凝聚而成的假说，设想有一种叫作“岩浆”（magma）的液态物质充满着岩石层下的地球内部。这种岩浆，被认为是以硅酸盐为主并含有许多气体和水分的高热熔浆，这些气体和水汽，在地下压力很强大的环境中，可以被容纳在高热的熔浆里，其存在的形态和开锅的稀饭差不多，故得了 magma 之名。当它冲出火山口时，受到的压力突然减轻，气体和水分马上快速地脱离出来，形成冲向高空的烟云。留下在地面流动的，是失去了挥发成分、冷却后就成为岩石的“熔岩”（lava）。顺带说一下，现在有些文章常把岩浆和熔岩混为一谈，其实它们不是一回事。

按照地球是一团炽热的星云凝聚而成的设想，在它的演化过程中，外部散热快，先冷却，凝结出一个由坚硬的岩石构成的壳层。这种解释显得合乎逻辑，曾为许多人所相信，包括地质学的奠基人英国的赫顿（Hutton，James，1726 ~ 1797）和莱伊尔（Lyell，Charles，1797 ~ 1875）。

赫顿设想山岳高原的隆起，是岩浆上涌推动的结果。在一些地方岩浆突破封闭冲出，是为火山爆发。莱伊尔则首次将人们看得到的岩石表层，称为“地壳”。

地壳的英文本名为 crust，在英文中，地壳和通用的“壳”是同一个字。译成中文时，在前面加了个“地”，成为一个专有名词。取名地壳，便有表示地球内部是液态，岩石表层不过如一层薄壳之意。这种观念沿用了多年，将地球比为鸡蛋，地壳比为鸡蛋的蛋壳，至今也时有所见。

赫顿等地质学家提出地球内部为炽热的岩浆所充满，相对于“空心说”，更符合科学的观念，但仍只是一种假说，当时就有人怀疑。后来的发现和研究结果更证明，岩浆是在一定环境中和一定的条件下才会产生的局部现象。地心究竟是什么样子？直到今天也不完全清楚，但认识终究在逐步提高。

地球空心说不能成立

认识地球内部状况的最大困难是，人能直接取得的观察材料所能到达的深度，仅及地球半径的千分之几，即使在今日，向地下打钻，可超过万米了，仍比不上给大西瓜扎出一个小针孔。所以还有许多未解之谜，并给人们留下巨大的想象空间。但地球空心说已确定是不能成立的。

地球内部状况虽难以直接观察，但是，从其他方面得到的材料，有的可以作为了解它的旁证。比如整个固体地球的体积和质量，是可以用物理学的方法计算出来的，从而也能求得它的平均密度，假使地球内部是空的，那么固体地球的平均密度应低于岩石的密度。但是早在 1799 年，出生于法国、被称为第一个称地球的人——英国科学家卡文·迪许（1731 ~ 1810）应用万有引力定律，和他根据约翰·米切尔（1724 ~ 1793）设计的方法制作出来的扭秤，就已测出地球的平均密度为水的 5.48 倍，超过岩石的密度，他还提出，这个密度随着深度的增加而增加，地球中心的密度最大。

卡文·迪许的实验和理论，后来被许多人的重复测定所证实，并取得更精确的数据。

现代测定的地球平均密度为 5.517 克 / 立方厘米，上部岩石圈的平均密度为 2.65 克 / 立方厘米。

如果地心是空的，地球的平均密度怎能高于岩石的密度呢？

因此，地球空心说不是什么科学假说，只是在科幻电影和小说中用来虚构离奇故事的。至于散布什么外星人就住在空心的地球里面，并在这里控制着地球，更是蛊惑人心的邪说。

地震，照亮地心的明灯

“蜀道难，难于上青天。”要想进入地心，那就更难。可以说到地心一游，简直没有可能。

直到 20 世纪初，除了火山喷发时人们能看到一些来自地球内部的东西，再没有其他地心的可靠信息，要了解地球内部的情况，犹如在黑夜中摸索。

给人们带来洞察地球希望的竟是地震！

就在《地心游记》问世前不久，科学家发现，地震时人们感到的震动，是从震源传出的弹性波在地壳中传播的表现。并识别出在这地震波中包含着两种波动：一种是质点震动方向与传播方向一致的纵波，一种是质点震动方向与传播方向垂直的横波。横波传播时，要求传播它的介质改变形状，因此只能在固体中传播，在无形的气体和液态中不能通过；纵波则没有这种要求，在固体、气体和液体中都能传播。

19 世纪末和 20 世纪初，记录地震波的仪器，不约而同地为英国、德国和俄国的科学家发明并用于观测。1897年，德国地球物理学家维捷特（Wiechert，Johann Emile，1861 ~ 1928）通过理论计算，推测地球只是核心部分为液态，其成分主要是铁，而在这个液态的地核之外，全为岩石质的固体物质所包围，其厚度可达 1 500 千米，他把这部分命名为 Mantel，英语译为 Mantle，中文译为地幔。1906年英国地质学家、地震学家奥尔德姆（Oldham，Richard Dixon，1858 ~ 1938）以地震观测得到的结果，证实了维捷特的推测，但界面所在的深度相差很大。1913 年，时在德国后来移居美国的地球物理学家古登堡（Gutenberg，Beno，1889 ~ 1960）经过反复研究，确定地核与地幔的分界面在地下 2 900 千米深处，以后的研究未再有大的修改，这个分界面被命名为古登堡面。

1935 年，丹麦地震学家雷曼通过对地震波中微弱信号的研究，认为在液态的地核中，还存在着一个固态的内核。1954 年，澳大利亚的地震学家布伦对地球密度和弹性系数分布的研究，进一步证明这个假设的可能。

于是我们看到，地球内部不仅不是中空的，而且大部分是固体。仅地幔就要占去固体地球体积的 82.3%。而这样一来地壳也就失去了提出时的意义。人们也自然会想到，这地壳和地幔既然都是岩石或岩石质的物质，它们之间的界限如何划分呢?

1909 年，南斯拉夫地震学家莫霍洛维奇研究了发生在库尔帕河谷一带的地震记录，发现纵波在地下 50 千米一带速度突然增大。进一步的研究得知，这种在地下几十千米深处地震波传播速度突然加快的变化，是全球性的现象，不过深度不一，大陆下面常为三四十千米，海洋底下一般不到 10 千米。此界面显示明显，被命名为莫霍洛维奇面，简称莫霍面。

现在一般都以莫霍面作为地壳与地幔之间的分界。

莫霍面以上的地壳，是以硅酸盐矿物为主体组合而成的岩石构成的，上下有所不同，上部的岩石含铝较多，花岗岩是它们的代表；下部含镁较多，玄武岩是它们的代表。这种化学成分差异，也表现为密度、颜色等物理性质的不同，花岗岩色浅，较玄武岩轻；玄武岩色深，中文译为玄武，就有此意。由于存在差异，地震波在通过时速度也就不同，在从

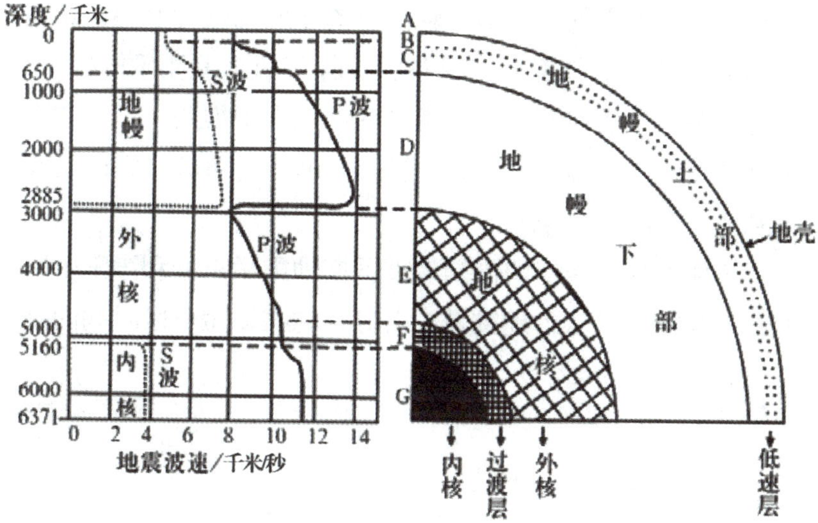

地球内部结构与地震波速的变化示意图

花岗岩层进到玄武岩层时，便会在地震记录上表现出来。1923 年，奥地利地震学家康拉德发现了这个界面，他也因而留名后世，这个界面被命名为康拉德面。

莫霍面以下，和地壳紧贴在一起的地幔上部边缘，也是以硅酸盐矿物为主体组合而成的岩石构成的，只是含镁更多了，比构成地壳的岩石更重，橄榄岩是它们的代表，它和地壳中的岩石一样坚硬。

再往深处去，是不是也是这种情况呢？

依靠地震波穿越地球内部带来的情报，经过几十年的积累，特别是1960年智利大地震，还有几次核爆炸留下的记录，科学家们确定，在地幔上部100千米上下一带，存在着一个地震波传播速度减缓的“低速带”，对此现象的解释是这里的岩石虽仍是固体，但具有可塑性，即可以改变形状而不破裂，这一层被称为“软流圈”。

因此，分布在地幔上部边缘一带的岩石，其厚度也有限，现在人们常把它和上面的地壳合起来称为岩石圈，也有人将地壳作为岩石圈的同义语。软流层的厚度也是有限的，其边界还不那么清晰和确定。穿越软流圈，下面又是刚硬的岩石，不过一般在地表看不到了，更多的情况出于推测。不过这推测并非是没有根据的玄想，主要因为有这地震波，它们是真正到地心旅行过的信使。

正如近代地震仪的创制者俄罗斯地震学家伽利津王子所说：“我们可以认为地震是一盏灯，它在很短一段时间内是点燃着的。”

地心之谜有待破解

根据地震波带来的消息和通过模拟地球内部温度压力等条件所做的实验，以及对比陨石和探测太阳系其他星球所得的材料，地心虽不能至，但它的状况终究逐渐明朗起来。如有人认为地球中心是一个天然的核反应堆。地球物理学家普遍认为，地球内核主要是由铁、

2004年12月27日，空中俯瞰下的印度尼西亚亚齐省班达亚齐沿海村庄在海啸退后仍是一片泽国

镍构成的固态核心。总之，地心中的未解之谜仍然很多，还需要继续探索。这里只是确认了地球并非中空，消除了以为地球内部充满着炽热岩浆、地壳好似鸡蛋壳的误会。

从地震说开去

近些年，由于科学技术的飞跃发展，有关地震信息的传递非常迅速，使人感到地震在我国和世界发生得都比较频繁。如 1966 年 3 月 8 日河北邢台的 6.8 级地震；1967 年、1973 年川西甘孜的 6.7 级和 6.9 级地震；1970 年 1 月 5 日云南通海的 7.7 级地震；1975 年 2 月 4 日辽宁海城营口的 7.3 级地震；1976 年 7 月 28 日河北唐山的 7.8 级地震；2004 年 12 月 26 日印度尼西亚的苏门答腊岛西北近海发生的 9 级地震；2005 年 10 月 8 日发生在南亚巴基斯坦西北部地区的 7.6 级地震；2008 年四川汶川的 8 级地震；2011 年 3 月 11 日发生在日本东北部海域的 9 级地震，以及 2013 年 4 月 20 日发生在四川芦山的 7 级地震，这些地震震级虽大小不同，都给人类造成了严重或极其严重的损害，留下了深刻的印象。2004 年 12 月 26 日印度尼西亚的地震和 2011 年 3 月 11 日日本的地震级别特别高，还同时产生了海啸，前者造成近 30 万人死亡，后者使福岛一个核电站受损，发生核泄漏事故。

其实地震一直在频繁发生，微小地震每时每刻都有，只是仅凭人的感官，大多不能察觉。在我国古代许多人相信的“皇天震怒”、“降灾下民”。不过早在东汉时期，张衡（78 ~ 139）就对天、地有了比较科学的认识。他不仅在天文著作——《灵宪》一书中，对天的认识提出了“宇之表无极，宙之端无穷”的宇宙无限性的观点，还把地震视为“地动”，并于 132 年制造出能测知八方地震的“地动仪”，准确地测

1976 年唐山地震，唐山钢厂的部分车间与办公楼遭受破坏的情形（引自《中国地质灾害与防治》，1991 年）

1976 年唐山地震造成丰南火车站铁轨弯曲变形（引自《中国地质灾害与防治》，1991 年）

出过地震。可惜后来无人去继承和发展。地震是怎样发生的，一直到了近代，现代科学传入中国后，才确认地震是一种自然现象，是构成固体地球表层的岩石中，出现破裂并位移所引起的震动。天然地震，按其产生的具体原因，又有构造地震、火山地震、陷落地震、陨石冲击地震之分。由于人类活动如爆炸引起的地震，称为人工地震。

天然地震中，构造地震约占地震总数的 90% 以上。产生构造地震的直接原因，主要是由于地球岩石圈运动产生的机械力使岩层破裂，使该处所聚积的能量突然迸发出来，同时产生强大的地震波。强烈地震可使某些山体崩裂、树木折断、房屋倒塌、工农业设施破坏，甚至使钢筋铁轨变形。地震的破坏作用的大小，大体与地震级别、地震烈度、震源深浅、地震波的传播方式等有关。而它的发生给人类造成的损失大小，则要视其发生的地点距离人类生活区的远近而定。一般来说，发生在人烟稀少的边远地区，损失小；发生在人烟稠密的城市、工业区、水利枢纽区造成的损失大。如发生在我国藏北无人区的地震没有多大损失。但2005年10月8日发生在巴基斯坦西北地区的地震，造成了巴基斯坦死亡7.3万多人，重伤6.9万多人（印度还有人员伤亡）。而1976年的唐山大地震，竟使我们失去23万同胞和亲人！唐山地震过后，我们有人到过唐山市受灾最重的市区，那里产生断裂两旁的岩石，东侧的比西侧的高出约半米左右。

什么是地震海啸？

地震海啸是海底发生地震时，由于海底地形急剧地升降变动，引起的海水强烈扰动。海水先向突然变成低洼的地方涌去，随后返回海面，形成一种波长特别长的大浪，两个波峰之间的距离，可达100千米以上。它在开阔的深水大洋中运动时，速度特别快，可达每小时七八百千米，但这时波涛并不特别汹涌，因为波峰之间距离那样长，起落变化就不明显了，只是到了靠近大陆、水深不到200米的浅海区域内，便要形成比平时水面高得多的巨浪，冲上陆地，这就是我们看到的地震海啸。

是不是只要海底发生地震就会出现地震海啸呢？

不一定。因为有些地震发生时造成的地形起落并不显著，不能激起这种巨大的波浪。同时我们还要看到一点，如果那里海水很浅，海底地势本来比较平缓，即使地震时地形有所变化，海水起落变化不大，也不易产生这种波长特别长的大浪。因此世界上的海啸大多是发生在那种深海沟的地带，那里本来地势起伏就很大，水又很深，再发生变化，这种特别长、大的波浪就容易形成了。

是不是发生于深海沟的地震都能造成海啸呢？还不一定，有人研究了许多海啸发生的条件后，得到这样的规律：沿深海沟发生的地震，一般是震级大于 6.5 级，震源深度在 25 千米以内时，才有可能产生造成危险的海啸。当然，在自然界中情况是复杂的，也还可能有特殊的变动。譬如有时因地震引起海底发生山崩，这时尽管地震震级不高，也可能产生巨大的海啸。海底火山爆发，产生的地震震级可能不高，但有时会同时造成巨大海啸。这些海啸虽不是地震直接造成的，但都与地震有关。

为什么地震海啸的袭来总是在地震之后？

1896 年 6 月 15 日晚上 7 点钟左右，日本三陆地方的居

2011 年 3 月 11 日日本东北海域发生 9 级地震并引起强烈海啸

民普遍感到了地震，来势不猛但时间较长，在震动过去20分钟之后，这里的海水忽然后退了，露出了平时看不见的礁石和沙滩。到了晚上8点钟左右，只听见海上出现了暴风雨般的声音，巨大的海浪冲上岸来，海啸袭来了。1960年智利大地震时也有类似的情况。当地震发生之后不久，沿海居民还在屋外，忽然看见海水开始迅速退落，露出了最低潮线以下的海底。一二十分钟后，海潮又迅速涨起，以极快的速度涌向岸边，浪头高达6米多，卷走了沿岸的房屋和牲畜。

为什么海啸在地震之后到来呢？这是因为在海啸发生时，先是水向海底陷落部分涌去，所以出现异常的退潮现象，然后才是返回向上涨起冲向陆地，这一落一起，需要时间。如果海啸是从远处的地震区传来，更需要较长的时间。但是只要事先注意到这些变化，保持警惕，采取预防措施，灾害显然是可以减轻的。

海震和地震海啸是一回事吗？

海震和地震海啸是不是一回事呢？它们既有联系，又有区别。

在海底发生地震时，如果海底地形升降变动剧烈，其他条件也合适，这时可产生地震海啸；不具备这些条件，就不会产生海啸。但不管有无海啸发生，海底发生地震，都会有地震波传到海面，引起海水的扰动。这种扰动是纵波造成的，因为横波不能通过液体，传不到海面。所以当船只遇到海震时，如果震动相当强烈，船上的人可以感到上下颠簸，好像船只碰到礁上那种感觉，这是纵波自下而上的冲击造成的。有时船上的人当时还不知道是怎么回事，事后经过与地震观测记录核对，才知道是遇上了海震。这种情况显然和地震海啸是不同的。

世界上哪些地方发生过规模很大的地震海啸？

太平洋周围一带的深海沟附近，是发生强烈地震很多的地方，因而也是海啸发生得最多的地方。像智利、秘鲁、日本、阿拉斯加半岛、堪察加半岛等靠近太平洋的滨海一带，以及一些岛弧附近，都是地震海啸的重要发源地。

1868 年 8 月 8 日智利、秘鲁边界大地震，1877 年 5 月 9 日智利伊基克大地震，1933 年 3 月 2 日日本三陆大地震，1946 年 4 月 1 日阿留申群岛的乌尼马克岛大地震，都引起了席卷整个太平洋的海啸，威力极大。如 1946 年的海啸从阿留申传到夏威夷群岛时仍有每小时将近 800 千米的速度，在夏威夷的希洛湾掀起的浪头仍高达十几米。1960 年从智利来到夏威夷的海啸虽然经历的旅程更长，但仍然保持每小时六七百千米的速度，浪高也曾达到 10 米以上。这次地震海啸给北美洲沿海、日本以及菲律宾都带来灾害。在日本，高达 3 米多的巨浪，冲进了海港，冲上了陆地，淹没了码头，一些巨大的船只竟被推进大陆四五十米之远，压倒了居民房屋。

记录 1755 年里斯本受到海啸袭击的古画

2011 年 3 月 11 日，日本东北海域发生 9 级地震产生的海啸，因引起核电站泄漏事故造成的损失尤为严重。

在海啸发源地附近，那里的波浪当然更为汹涌澎湃。1933 年日本三陆大地震时的海浪高达 20 多米，而最高的纪录则是 1737 年发生在堪察加半岛南端洛帕特卡角的海啸，其浪高达到了 64 米。

在大西洋和印度洋中，地震不如太平洋周围一带强烈，因此地震海啸也不那么显著，但也发生过一次很有影响的，就是 1755 年发生于葡萄牙首都里斯本附近的地震所引起的海啸。这次地震和海啸给里斯本造成了巨大的损失，在 6 分钟内竟死亡 6 万多人。当它传到加勒比海的时候，浪高还在 5 米以上。以后再未发生过这样强烈的海啸，所以 2004 年 12 月 26 日印度洋海啸发生前，对这里会发生强烈的地震海啸，缺乏思想准备。

地中海内希腊附近的科林斯湾，在 1963 年 2 月 7 日发生过一次奇特的海啸，却是 5 天前的一次小地震触发了海底山崩所产生的，造成了一定损失。

哪些地方地震海啸的威胁大？

一谈到地震海啸，似乎就意味着灾害。其实并不是所有的地震海啸都能造成灾害。这不仅因为有些海啸达不到造成灾害的规模，同时还和受到海啸袭击地方的具体情况有关。同一次海啸，在甲地造成灾害，

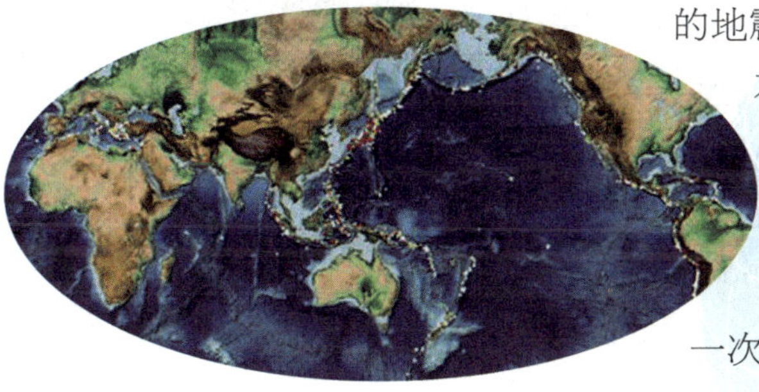

全球历史海啸事件分布图

到乙地就不一定造成灾害，所以世界上经常受到海啸威胁的总是限于夏威夷群岛、智利、日本等少数地方和国家。夏威夷群岛本身没产生过什么地震海啸，但因它位于太平洋中，四面产生的海啸都可能向它袭来。它又是一堆孤立在大洋中的火山岛，周围没有辽阔的浅滩及众多的礁石作掩护，海啸一来就容易冲上岸。特别是夏威夷有个希洛湾，形如喇叭，外宽里窄，海水冲进时便会壅高，加大了海啸的声势。如果海啸冲击的方向正好与港湾的开口方向一致，其剧烈的程度就会更为巨大。这些规律，在别的地方也是适用的。

像日本、智利这种地方，本身就是容易发生地震海啸的场所，距离近，当然受到的威胁就大，特别是它们濒临着很深的海沟，离陆地不远的地方海水就已很深，海啸可以在还保持着很大的能量时就扑上岸。如果岸边有宽阔的大陆架就不一样，这时海浪在前进的路上，会因与海底摩擦而失去不少能量，海边的岛屿、暗礁也起着防波堤的作用，等到它冲到岸边时已成强弩之末，就不能造成什么危害了。我国沿海就是这种情况，所以尽管 1960 年智利大地震造成的海啸很大，对菲律宾乃至日本这些地方都造成了灾害，但对我国却没有什么影响。

我国没有发生海啸的历史记载，在海边也没有深海沟，一般情况下缺少产生地震海啸的条件。但如海岸附近发生强烈地震，激起海水扰动，有时甚至侵袭到岸上来，还是有可能发生海啸的，因此仍需注意。

第三章 地球的冷暖

地球正在变暖吗？

地球的冷暖，直接影响人类的生活。

这些年来，气候似乎比从前暖和了，北京的冬天似乎也没有往年冷。

可能你会怀疑，地球真的在变暖吗？

是的，人的感觉有时是不太准确的，许多生物对冷热变化的反应比人要灵敏和准确得多。它们有什么表现呢？它们用行动回答了这一问题。本来在温暖的海水里才能生活的放射虫，竟跑到北极圈内的海中来了；鳘鱼、鲱鱼也向北扩大了活动范围；在俄罗斯北方的白海里，人们捞起了海鲈，从前，它嫌这里的水太冷，是绝不肯来这里安家的。

这些事实说明：海水确实是变暖了。科学家的记录最后也确定了这一点。据记录：从 1906 年到 1921 年的 15 年间，北冰洋南缘穆尔曼斯克处的海水温度升高了 2℃。

15 年升高 2℃！当你知道地球的年龄有几十亿年时，你就会感到这个变化并不算慢了。

变化不算慢，所以我们才能比较明显地感觉出来。许多地方都发现了地球在变暖的迹象。58 年前的夏季，一艘力量强大的破冰船驶向了北冰洋中的新地岛，尽管它开足了马力，还是没有战胜冰块的重重围困，只好半途而废，退了回去。可是，过了 34 年，又一艘破冰船开向新地岛时，沿途并未受到冰块的阻拦就到达了目的地。

冰块到哪里去了呢？因为气候变暖而融化了。据估计，若干年来，俄罗斯北极地区的冰块面积缩小了 100 万平方千米以上。冰融化了，海水就要增加，一千年来英吉利海峡的水位已升高了 2~3 米。

卫星照片显示，南极拉森–B 冰架崩裂后，冰山和碎冰块在海面上漂浮

冰块的融化使得北极地区一些岛屿“神秘”地消失或是缩小，有一个西蒙诺夫斯基岛，在 1823 年时长达 15 千米，如今却只有不到 1 000 米的长度了。冰山易倒，这些岛的基础是冰，当地球变暖以后，它们的末日也就来到了。

这些变化，还不限于北极地区，在美国建国初期，那里的许多河流在冬天还要结冰，如今终年都航运畅通了。美国东部的平均温度在百年中增加了 2℃ ~ 3℃。全世界许多地区都记下了温度升高的事实，挪威有的地方竟在 40 年中升高了 10℃。

要是用地球的历史眼光从长时期来看，地球变暖的趋势更为明显。在几十万年或者更短一些时期以前，地球上曾经比今天冷得多，被冰川覆盖的陆地面积达到 5 200 万平方千米左右，温暖的云南、广西在当时都有冰川广布；秀丽的黄山、庐山也都是冰天雪地；俄罗斯、欧洲、北美的相当大一部分地区都终年为冰雪所覆盖；莫斯科、华沙、柏林，全在冰雪掩埋之下；英伦三岛犹如今日之格陵兰，是一块冰原。

到今天，冰川向两极退缩了，2/3 以上已经融化，地球在变暖，这不是很清楚吗？

地球史上的“冬天”和“夏天”

地球在变暖，这不是奇怪的事，在地球史上，曾有比今天冷，也曾有比今天更暖的时期。炎凉变易，不止一次。一年中有春夏秋冬，从整个地球史看，也有它的“冬天”和“夏天”。

在地球历史上最近的一个“冬天”就是前面谈到的那个冰雪广布的时期，被称为“第四纪冰期”。在此以前，一般还认为有过两次大冰期存在，一次在 5 亿多年前，一次在 2 亿多年前。

在两次“冬天”之间，地球上出现了极为暖和的时期，称为“间冰期”。

第二次大冰期来临之前，炎热而潮湿的气候曾使参天的丛林布满了大陆，这些植物后来在世界范围内造成了广大的煤田，至今我们还能享受到那个时期带来的温暖。在第二次大冰期以后直到“第四纪冰期”的开始，地球又得到一段温暖的时期，而以距今 8 500 万年左右为最热。丰盛的植物和温暖的气候使得身躯高大重达数十吨的恐龙大量繁殖起来。与此同时，天上飞的，水里游的，也都主要是恐龙的近亲翼手龙、蛇颈龙、鱼龙等庞然大物。

不过，对恐龙来说，真有点儿“好景不长，盛宴难再”，

石炭纪陆上的动植物

恐龙馆　　　　张欣 摄

到了大约 7 000 万年前的时候，气候显著变冷了，植物再也不能像从前那样繁盛了。寒冷和饥饿威胁着它的生存，再加上地壳运动造成了不利于它活动的地形等因素，于是“固一世之雄也”的恐龙，在一个不太长的时期内便退出了自然历史舞台。

当恐龙灭绝后，“冬天”并未马上到来，气候是缓慢而曲折地在变冷，经历 3 000 多万年以后，今天为冰雪封冻的格陵兰岛，还长满了松树和针叶树。一直到几十万年以前，也就是已经进入了“第四纪”（第四纪从距今 100 万年前开始，这是 20 世纪初划定的数据，现已延到 200 多万年以前）这个地球历史时期后，“冬天”才逐渐降临到地球。但是温度并不是直线下降，而是时高时低，也有暖和的时候。

冬天到了，春天就不会远的，我们可不可以把今天看作地球的“春天”时期呢？这样我们就不难想到，更暖和的日子也会来的。

当然，在这里的变化绝不是寒来暑往地简单重复，每一次冷暖的变化都有它独特的内容，譬如表现在对生物的影响上就是使它们愈来愈向更高级发展，因此它是“否定之否定”规律最生动的说明。可是，究竟为什么会有这种变化呢？

地球为什么会有冷暖变化？

应该说明，这里显然不是指的那种局部的短暂的变化，那些变化，气象学家今天完全有把握加以说明，可是从长期来看该怎样解释呢？

有一个容易被想到的原因，当你烤火时，火炉愈旺你会觉得愈暖和。地面上的热量基本上是太阳辐射来的，当太阳辐射能力加强的时候，地球变暖和了；反之，则出现了冰期。

太阳辐射能力又为什么会变化呢？过去我们一点也不清楚，现在我们已认识到太阳正在进行着规模巨大的热核反应，产生出光和热，因而辐射能力随着反应的阶段不同而发生变化，应该是可以相信的。

不过假使火炉没有变旺，但是多穿了衣服，身上也会暖和起来。大气就是地球的外衣，太阳的热穿透它到达地面，从地面反射过去的热却被它挡住逃不出去。但是大气并不是百分之百地在执行任务，通常有将近一半的太阳的热被它反射到宇宙太空中去了，只有当碳酸气或是水蒸气在大气中的含量增多时，被反射掉的热才会减少。因此，第二次大冰期的出现，有人认为是繁盛的植物把大量碳酸气吸收掉的结果。而今天气候的变暖，是因为燃烧使大气中的碳酸气含量增加。

有研究结果提出，地球运行轨道呈几何形态变化，当地球与太阳的距离变远，以及火山喷出大量碎屑物长期悬浮空中时，可以使地球从太阳那里得到的热量减少。当然，太阳本身发出的热量减少，自然也会引起地球上的气温降低。

还有人设想，地球变冷是因为一种宇宙尘埃遮挡了阳光，当地球与太阳之间的宇宙尘埃减少时，地球就变暖了。宇宙尘埃是些碎屑物质，在宇宙某些空间中大量存在，当地球随着整个太阳系在银河系中公转时，会周期性地遇到它，约每两亿多年遇到一次，这与已知的三次大冰期的间隔

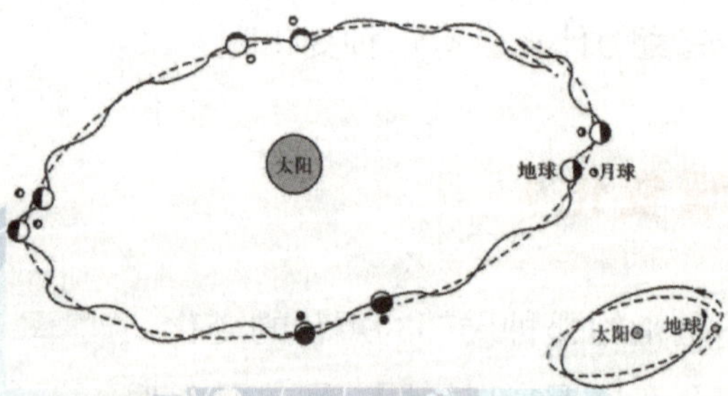

地球的运动形式和它的轨道
（据阿瑟·拜塞尔，1985 年）
地球与月球绕太阳运行的公转轨道是相互盘绕的；太阳的引力作用于地月系的中心，使其沿平滑的椭圆轨道运行（虚线所示），地球的运行轨道其实是弯弯曲曲的（实线所示）；地－月系不会在公转 1 周后回到原位，而是略差一点，构成螺旋形的轨道

时间倒也相符。

有的人说，地球内部温度的变化不能忽略，今天地球所含放射性元素蜕变时产生的热比散失掉的热要多，因此地球内部温度在增加，促使地面也变得暖和。

也有人认为这是由于强烈的造山运动发生后，地面上出现了许多高峻的山峰，这里大气层很薄，不易保暖，就像外衣上戳破了一个洞，热气从这里逃走了，地球就变冷了。后来大山受到风、水、冰雪和生物等的破坏，被夷平了，才又暖和起来。

喜马拉雅山在连续多次造山运动后隆起成世界屋脊，那里的气温降低形成了众多的冰川。

东绒布冰川

除此以外，说法还很多，有的说这是地轴移动了位置，今天的北极变成了赤道上的一点；有的说这是火山活动的影响。但火山活动喷出了大量碳酸气会使地球变暖，另外，喷出的火山灰很多，会挡住阳光使地球变冷。究竟产生了什么样的影响，也不容易判定。

也有人干脆否认地球上的热量在增加，认为北极变暖不过是冷热空气加强了对流。究竟是什么原因引起了地球的冷暖变化，特别是大规模冰川活动的出现，可以说，仍是一个谜。

只要我们持续探索，掌握了更多更全面的事实材料，一定能彻底揭穿地球冷暖变化的奥秘，不管怎样，目前地球正在变暖已是我们可以感觉到的事实。

认识冰川

我们的地球曾经有过比今天寒冷得多的时期，甚至有人提出，全部陆地和海洋的表面都曾封冻，此时看起来地球犹如一个大雪球。这个说法尚未被完全证实，但局部封冻是现在仍能观察到的事实。地球的南北极便有超过 1 350 万平方千米的面积常年为冰川所覆盖。在大陆的高山上也有冰川存在。它们是地球历史上的冰川的遗存，今天仍然在继续移动消长，是构成我们生存环境的重要组成部分。

地球上的淡水以冰川拥有最多

地球上的水很多，但将近 98% 是咸的，我们需要的是淡水。

地球上的淡水 80% 左右一年到头都冻结成冰雪状态，这些冰雪约有 90% 储存在两极，那里是地球上最大的淡水库。

常年冻结是因为那里的气温低，两极是这种地方，一些高山之巅也是如此。雪片落下来，越堆越多，越压越紧。那些六角形晶莹美丽的雪花，在严寒的环境里，在压力和阳光的作用下，稍稍融化随即又凝结压紧，形成了珍珠似的粒雪。当粒雪颗粒之间压紧到几乎没有空隙，一般在密度达到 0.84 克 / 立方厘米左右时，变得不可渗透，终于成了半透明到透明的冰层。这种冰叫做冰川冰，它比普通冰略微轻一点，而且有多种色彩，压得最紧密的冰川冰常呈现淡淡的天蓝色。

在南极大陆上，冰雪满山遍野，填坑塞谷，几乎把整个大陆都掩埋起来，结成了一个巨大的冰盖，平均厚度达 1 700 米左右，最厚的地方超过了 4 000 米。北极的格陵兰岛上，84% 的面积为冰层覆盖，平均厚度约为 1 500 米，

这种漫延大陆的冰层，在地质学中名为大陆冰川。叫作冰川，是因为它能在重力作用下从高处向低处移动，有点儿像河川似的。

南极的企鹅

冰川会动

固体的冰为什么也会流动？这是因为位于底层的冰在持久的沉重的压力作用下，变得有了塑性，能够因重力的影响而向低处流动。这种塑性流动的速度当然极其缓慢，无法与河水的流速相比。南极大陆上，有的冰川一年才前进十几米。但这种流动确实是存在的。那些漂浮在水上的冰山，就是两极的大陆冰川流到海里来的。

大面积掩盖地面的大陆冰川，其实并不具有河川的形象，那种在两极地区以外出现在高山上的山岳冰川，在山谷间流动，逶迤蜿蜒，倒有点河流的样子。山愈高，空气愈稀薄，

南极冰川　　张振凯 摄

山岳冰川

天山一号冰川

也愈冷。大约高度每增加100米，气温就要降低0.5℃左右。所以山到了一定高度，就终年积雪覆盖，这个高度就叫作雪线。但是山高不一定就能积雪，还得要下雪多，而且有储存的场所，才能成为冰川的发源地。冰川从这里流出后，沿着山谷向低处推进，速度也很慢，一年前进几米、几十米，一百多米的也有。在有些地势陡峭的地方可能流得比较快，喜马拉雅山中个别大冰川，曾有一年前进700米到1 300米的记录。气候寒冷，并且冰源也很丰富时，冰川可能流到比较远的地方，反之则要后退收缩，像我国西北高山上的现代冰川，最长的也不过30多千米，而过去曾长达100千米以上，说明过去这里的气候比现在更为寒冷。

冰川过后留下痕迹

冰川在前进的时候，虽然缓慢但非常有力，简直像一个巨大的推土机在刨刮地面，它所经过的山谷底部因而变得开阔平坦，形如U字；和冰川接触的岩石表面变得比较平滑并留下擦痕；一些凸出地面的基岩，或被铲平，或被改变形态，面对冰流的一侧被磨得平缓光滑，另一侧则显得陡峭粗糙，望去如绵羊伏地，遂得了“羊背石”之名。由于冰川的活动和冰雪的作用，那个储存冰雪成为冰川之源的高山洼地，即所谓“冰斗”，也会逐渐扩大和加深，并向与冰川流向相反的方向开拓。在这些U形谷和冰斗日益扩展以后，夹在它们之间残留的峰峦就格外突出尖锐了，常如兽之角、鱼之鳍，于是被命名为角峰、鳍脊。以上种种特殊的地面形象，都是那些夹杂着沙石的冰块像锋利的刀刃似的对地面作了一番雕琢的结果，这是水和风都无能为力的，因此即使这里的冰川消融了，我们仍可以认识到它曾经有冰川在这里活动过。

冰川的流速慢，但河流搬不动的大石块，它却能搬走。这种经过冰川搬运的大石块，叫作冰川漂砾。

大石块能被搬走，小小的砾石和泥沙更不在话下，因为它们原本就是冻结在冰里或是躺在冰层的表面上被带走的，不像河流能按照它们的粗细轻重加以分选，更不存在滚动摩擦，仍能大致保持原来的轮廓，但互相碰撞磨损还是有的。

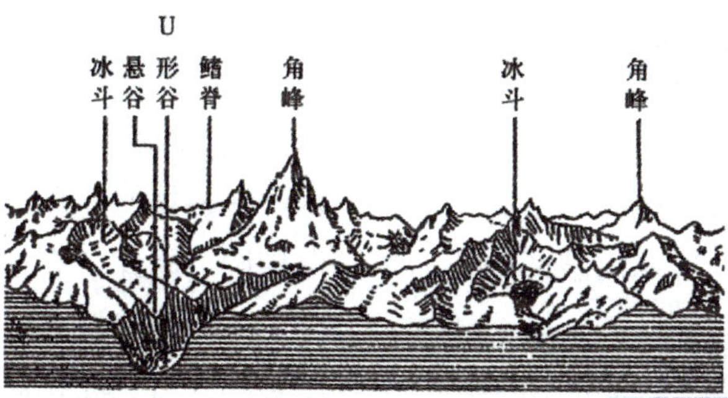

冰川地貌

经过冰川搬运的砾石，常会磨出一两个光滑的平面，平面上有时还会被较硬的沙砾刻划出一些方向杂乱的条纹。那些位于底层的沙石，受到的压力很大，还要和地面接触碾磨，更会碎裂乃至成为粉末。

冰川流动到气温较高的低处和离两极较远的地方就会融化，所以，冰川的前进是有限度的。地球上的气候变暖，更可以促使冰川缩短流程，这时它所载运的东西就会在它融化的地方堆积起来，粗的细的都堆在一起，看不出什么层理。但也有些冰川的堆积物不仅有层理而且很清楚，这是冰川融化后的冰水带来的。这种冰水在冰川的表面、两侧，并通过冰川中的裂隙渗入到冰川底部，汇成冰水河流，其作用与流水无异。沉积物也具有层理，不过其中总还是有些东西保留着冰川搬运的特色，可以和河流的沉积物区别开来。

基岩冰溜面上的条痕

苏格兰格连内威斯的典型羊背石

冰川的消长是地球冷暖的标记

当地球上的气候变暖，冰川规模缩小以后，就会有一些原来为冰川覆盖的地面露了出来。由于冰川在各处的作用程度不一，地面抵抗冰川破坏的能力也不尽相同，因此，有些地面被刨刮得高高低低、坑坑洼洼，消融了的冰雪正好蓄进洼地，成为湖泊。在与冰川相连接而且没有出水口的冰川湖中，从冰川中流来的冰水，可以不断地把冰川中的细微岩粉带来，沉积成层次格外清楚、格外细密的层理。因为夏日冰雪消融的速度快、水量大，搬来的岩粉较多、也较粗，冬天则相反。从粗到细，再从细到粗，粗细相间，一年一组。一位瑞典地质学家在斯德哥尔摩附近的一处冰川纹泥中数出了15 079组，也就是说1.5万多年前，这里的冰川就开始消融了，表明地球上的气候最晚在那个时候已经转暖。目前北冰洋的冰层覆盖面比 1980 年减少了 10%。同期地球气温上升了约 0.6 摄氏度。有关资料表明，自 19 世纪中叶工业化至今，阿尔卑斯山的冰川面积缩小了 1/3，体积减小了一半。自 1912 年至今，非洲的乞力马扎罗山冰川的冰冠缩小了 80%。世界自然基金会指出，喜马拉雅冰川正在以每年平均 10 ~ 15 米的速度退缩。青藏高原近 30 年，冰川末端退缩量相当于过去 200 ~ 300 年退缩量的总和。喜马拉雅、青藏高原冰川的迅速融化，将会影响环境，影响对雅鲁藏布江、布拉马普特拉河、恒河、亚穆纳河和西南三江及它们支流流量的调节和控制，也将会影响中国、印度、尼泊尔、孟加拉国、不丹和东南亚诸国的环境与经济发展。如果全球气候变暖的趋势得不到遏制，更多的冰川还将消融。

北极熊的眼泪　　袁熙坤 雕塑

根据对冰川遗迹的考察，再加上用多种手段取得的记录地球历史上气候变化的材料的研究结果表明，约在 2 万到 1.4 万年前，那时，地球上的气候比今天冷，冰川的面积要比今天大两倍多。由于海洋上蒸发的水分大量降落并冻结在冰川里，海洋里的水量减少，使当时的海平面大约比今天低 130 米左右，像日本和爪哇、苏门答腊等岛屿都是和亚洲大陆相连的。这种气候寒冷、冰川广布的时期称为“冰期”，两个冰期之间比较温暖的时期叫作“间冰期”。但这都是相对而言，冰期究竟广布到什么程度便算进入了冰期，并无明确的标准。从长期来看，一个冰期中，冰川的规模也时大时小，如 12 万年前开始的最近的这次冰期中，就有过多次冷暖变迁。这个冰期被认为结束于 17 000 到 14 000 年前，此时冰川开始大规模消融，海平面迅速升高，达到每百年升高一米的速度。到了距今 5 000 年前后才接近现在的水位，并减缓了消融的速度，变为 100 年升高十几厘米。直到 20 世纪仍略有上升，如太平洋的水位，在 1900 年到 1964 年间升高了 6 厘米。当然，影响海面高低变化的因素还很多，但结合到这一时期地球上冰川的面积也在缩小这一事实，可以确信地球现阶段是处于冰期之后，是比较温暖的时期。如果说冰期的来临意味着地球进入了它的严冬季节，那么今天的地球正迎来了它的春天。

在第四纪这个时期中，冰期与间冰期反复交替出现，总称为第四纪冰期。这样的情况，在地球历史上并不常见，仅在 6 亿～7 亿年前，即震旦纪后期和 2 亿～3 亿年前，即石炭纪至二叠纪之间发生过，而石炭纪至二叠纪的冰川遗迹主要还是分布在南半球。较小的冰期还有一些，但总的说来，还是温暖炎热的时候多。

二氧化碳：敌人还是朋友？

你碰见过这样的东西吗？它是生命致命的敌人，同时又是生命发生和发展所不可缺少的朋友。

这样的东西是有的，最普通的便是二氧化碳。

1997 年 12 月，149 个国家和地区的代表在日本东京召开会议，通过了旨在限制发达国家温室气体排放量以抑制全球变暖的《京都议定书》。所谓温室气体，主要是指二氧化碳。在这里它似乎已成了人类的对头。

然而大气中要是没有二氧化碳也不行，问题在于它的含量。

地球上有过很长一段时期没有二氧化碳，当时地球上也没有生命。后来，大气里的一氧化碳与大气中的水蒸气在高温高压的条件下发生了化学变化，诞生了二氧化碳，但是这时二氧化碳又太多了，地球还是没有生命。

今天的金星也是处在二氧化碳过多的情况中，那里的二氧化碳占金星大气的 90% 以上，没有发现氧气，因此许多科学家认为金星上不可能有生命。

但是事情并不是固定不变的，地球上大气中的二氧化碳终于逐渐减少了，生命在地球上出现了。那么，先前过多的二氧化碳跑到哪里去了呢？大部分是溶在水中和钙、镁等元素化合以后，沉淀下来，变成岩石了，石灰岩就是其中主要的一种，这个时期所造成的石灰岩常达几千米厚。

到今天，地球上的碳有百分之九十几被固定在岩石里，只有不到万分之五的碳和氧化合成二氧化碳存在大气中。在干燥空气中，按体积计算，二氧化碳的含量约占万分之三。

当二氧化碳含量降低以后，在其他条件合适的情况下，生命发生了，而生命赖以维持生存的基本食粮之一就是二氧化碳。

大量的植物天天在“吃”二氧化碳，虽然有一部分植物在死亡

花草树木和田野。碳是构成生命物质的基本元素，没有二氧化碳，也就不会有地面上的万紫千红

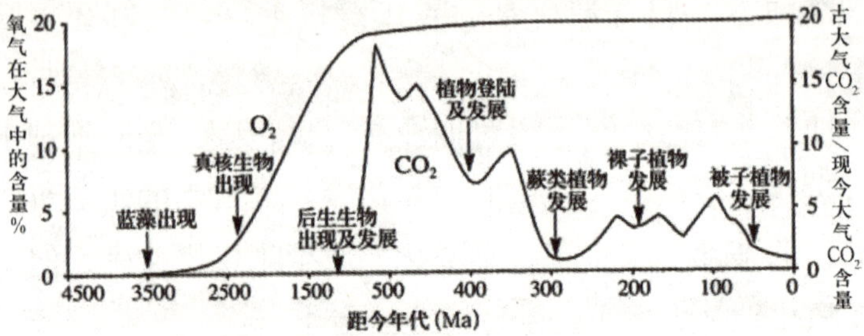

大气圈中氧气和二氧化碳随时间的变化示意图

腐败后让二氧化碳回到空中去了，但也有相当一部分植物变成泥炭、煤炭等藏到地下去，于是大气中的二氧化碳减少得更快了。

二氧化碳过少对生命也不利。首先，植物的“粮食”不足了，据科学实验，如果使空气或土壤中二氧化碳的含量增加，就能得到更好的收成。而在二氧化碳减少以后，空气吸热的能力便要减少一些。我们知道，植物大量繁殖曾经使地球上气候变冷，其原因就在这里。假使没有这些温室气体，地球的平均温度将从现在的 15℃下降到 −100℃，人类不断燃烧各种燃料，使空气中二氧化碳增加，并不只是产生坏的影响。

人本身也在制造二氧化碳，每个人每昼夜大约要呼出 0.9 千克二氧化碳。其他生物也呼出二氧化碳，同时，地球上的二氧化碳也在不断消耗，植物通过光合作用在大量吸收它。

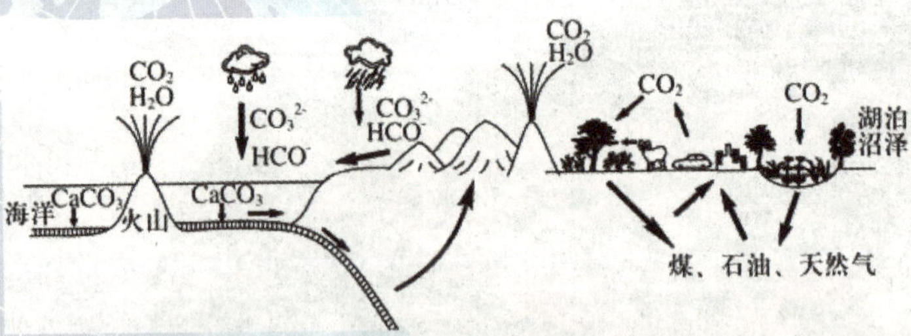

碳在地球表层中循环示意图

因此，地球大气中的二氧化碳的含量经常在变化，它的含量的多少，决定了它是麻烦制造者或者是朋友的性质，那么现在二氧化碳究竟是在增多还是在减少呢？

一般认为，在工业革命兴起以前，大气中的二氧化碳的收支大体上是平衡的。而在工业发展以后，由于化石燃料的大量使用，大气中二氧化碳的含量大大增加了。20 世纪初观测，人类的燃烧每年大约要提供 50 亿吨二氧化碳。从 1750 ～ 1990 年的 240 年间，地球大气圈中的二氧化碳含量增加了 30%，而且还在继续增长。

解铃还需系铃人，所以才有今天限制温室气体排放量的行动。

太阳上的风波与地球的冷暖

太阳黑子——影响地球天气的重要因素

1959 年天气很坏，暴雨、台风、干旱在世界各地屡屡出现。在北京，从 7 月下旬到 8 月中，经常下大雨；广东、华北、东北南部、台湾、西藏都先后发了大水；国外如巴基斯坦、印度、斯里兰卡、日本、巴西、德国、奥地利都暴雨成灾，例如，奥地利的一次暴雨竟连续下了四十多个小时。

与此同时，另一些地方却经常是烈日当空，久旱望云霓。我国关中盆地和黄河下游以南、南岭和武夷山以北的地区，遭受了少有的干旱，连黄梅时节也变成了艳阳天气。在国外，西欧的旱情也很严重。

1960 年，北京天文台筹备处观测到太阳表面中心出现了一大群黑子，面积相当于 38 个地球。4 月 1 日在黑子中又两次出现了耀斑。这些现象预示着气候可能继续反常。

为什么这样说呢？太阳远离地球约 15 000 万千米，这不是有点风马牛不相及吗？然而许多事实证明确实有某种联系。1959 年便是太阳上黑子特别多的一年，7 月 10 日和 14 日紫金山天文台也两次观测到黑子群中出现了耀斑。

许多例子表明，每当太阳上黑子很多或是出现耀斑的时候（耀斑常在黑子多处出现），地球上气候总要发生点不平常的变化。

1957 年 6 月 2 日，太阳上出现了一个特别明亮的耀斑，此后不久，西欧遭遇了空前的酷热，伦敦球场的看台热得可以煎鸡蛋。像北京在 1959 年 7 月 30 日下的大暴雨在 1883 年也发生过，那年太阳上的黑子正好也是很多。1958 年年初，西欧受到猛烈的暴风雪袭击，这样的暴风雪在 1947 年也曾发生过，而这两年又都是太阳上黑子极多的年份。

个别的例子还不能说明问题，也许不一定可靠，但是树木的年轮所作的记录提供了有力的证据。

我们知道，气候暖，雨水多，树木就长得快，那一年它的年轮也一定比较宽，而相反的条件下便会比较窄，年轮的宽窄反映了气候的变化。有人收集了上千段树木来研究，发现它们的年轮是从窄到宽、从宽到窄周期性地变化的，每一个周期大约是 11 年。

天文学家的记录表明，太阳上的黑子也是从极多到极少、极少到极多周期性地变化的，每一个周期也大致是 11 年！

太阳上发生的事情一定与地球的气候有某种联系。

地球——太阳，天涯若比邻

“海内存知己，天涯若比邻。”太阳正是我们的知己，虽然相隔很远，但我们时刻感到它的温暖。它是地球上光和热的源泉、天气的主人、生命的原动力。太阳上发生了风波，怎能不波及地球，但是在我们的脑子中往往把太阳当作不变的“长明灯”，似乎天天都发出同样多的光和热，因而虽然气候有了大的变化，还是容易忽略太阳的影响，只从地球本身找原因，这当然得不到圆满的答案。因为太阳上经常是一波未平一波又起，从来没有停止过运动。正像罗蒙诺索夫在200多年前所描述的，那里是：

火焰的浪涛急速翻滚，
汪洋的火海一望无边。

在太阳的表面，温度大约有6 000℃。6 000℃！任何物质都变成了气体，这时的气体很轻，轻到20万立方米才重1 000克。从太阳表面深入约70万千米，达到了太阳的中心，这里温度更高，高到2 000万摄氏度！也有人认为是一千二三百万摄氏度的，但是中心的压力大，气体便变密了，同样是20万立方米，重到了18亿千克，这样一团高热的气体，内外又如此不平衡，哪能平静无波？

通过望远镜，我们可以观测到太阳表面是明暗相间，好像铺满了许多米粒。这是灼热的气体海洋掀起的波涛，明亮的米粒就是波峰，一个米粒的面积竟可以有青海省那样大甚至更大。它们迅速地出现和消失，可以想见这宏伟的波涛是多么汹涌，然而这在太阳上不过是“风乍起，吹皱一池春水”。黑子的出现才是风暴的到来。

黑子是风暴卷起的旋涡，旋涡中的物质运动的速度达到每秒一两千米，而地球上每秒30米左右的大风就已经非常

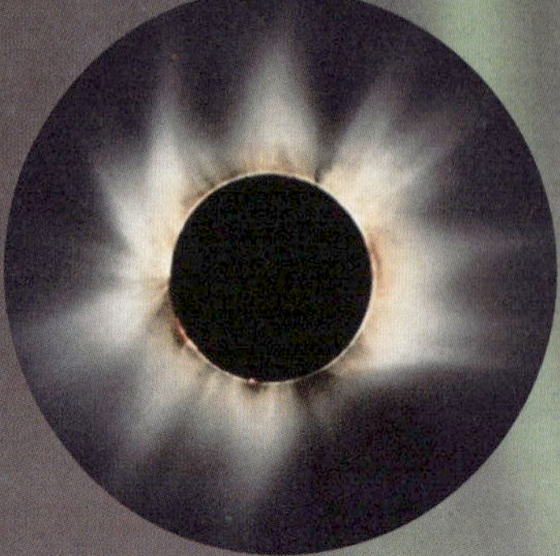

被月亮挡住的日全食，显示出越过太阳边缘的太阳耀斑和日珥，以及日冕。日食发生在太阳黑子周期的高峰期，经过处理的图像不仅显示了日冕，而且显示了色球层和日珥

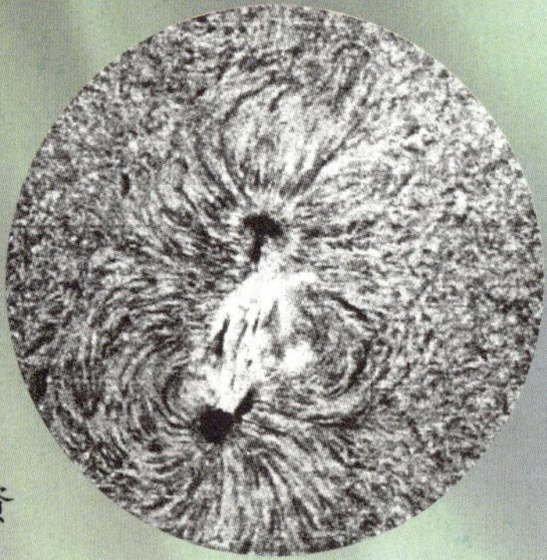

太阳巨大黑子及其周围氢气层的旋涡运动。这对黑子看来是同一黑子结构的两端。黑子是垂直的深洞，它的运动与周围的氢气层的旋涡运动联系在一起

此照片是1924年8月30日威尔逊山天文台的照相

（引自李四光《天文、地质、古生物资料摘要》，1972年）

2009年12月22日观测结果显示，太阳上有五个区域处于太阳黑子活动高峰期

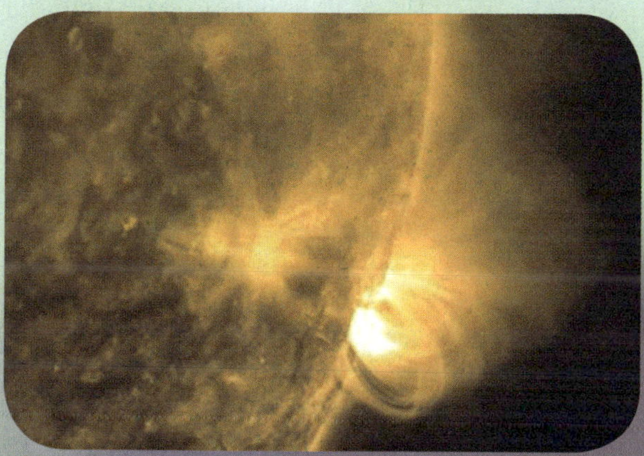

北京时间2006年2月15日9：50，太阳上耀斑爆发，等级为X2.2，这意味着它是今年12月以来发生过最强的耀斑事件

太阳风暴对地球磁场的影响

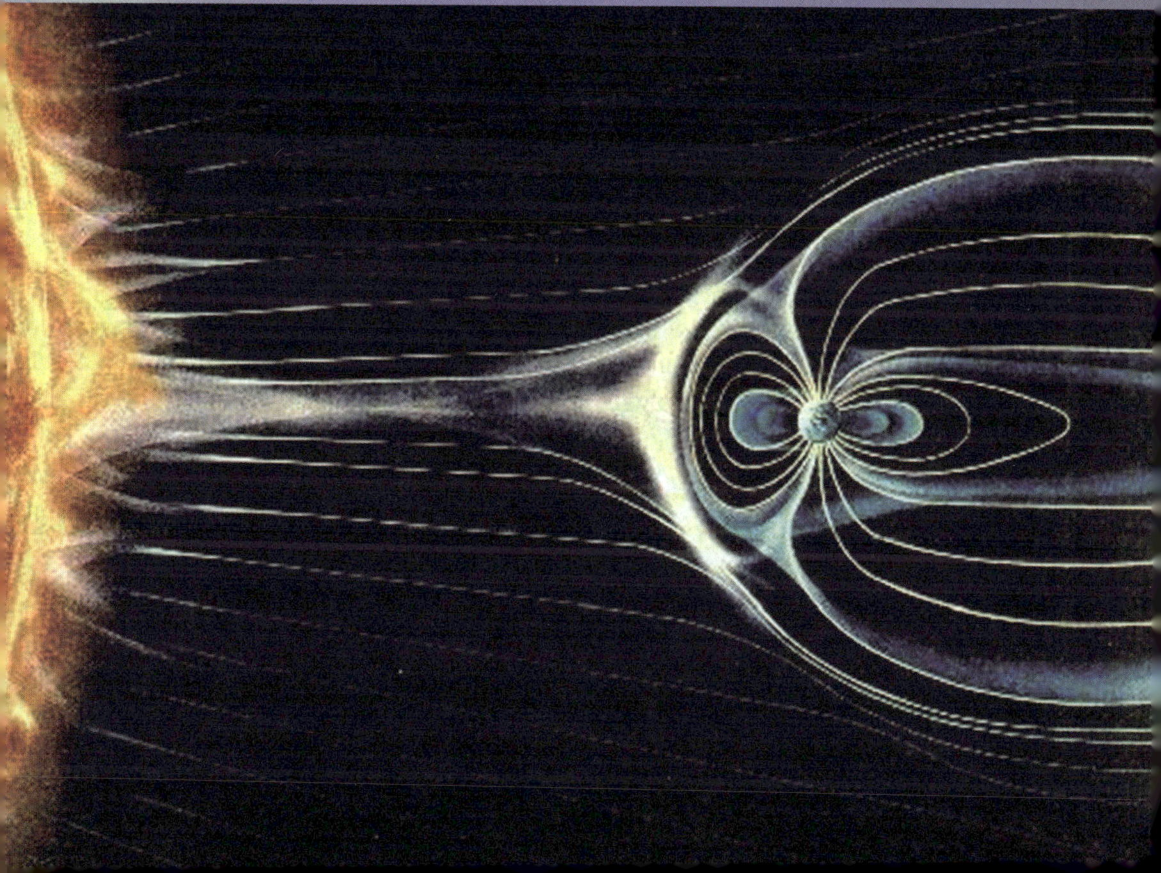

罕见。旋涡中的温度比周围低，所以显得黑，中心更黑，其实它并不黑，温度仍有 4 500℃。风暴不可能长期在某处存在，因而黑子的寿命多数不到一天，也有能维持几个月到一年的，个别的存在了 18 个月。

黑子的活动可谓剧烈了，然而和耀斑爆发比较起来，又不过是小巫见大巫。耀斑是在太阳色球层中出现的爆发现象，从地球上望去，这时那里突然变得特别明亮！色球层在日全食时可以看到，这是太阳表面艳红色的一层，经常吐出许多红焰，好像跳动的野火，这里发生的爆发，威力往往相当于若干万个氢弹爆炸，能使太阳表面气流的运动速度达到每秒数百千米。浪头掀至数十万千米乃至百余万千米的高空。但是，耀斑的寿命更短，最短只有一二十分钟，最长也不过几小时，同时，它并不经常出现。

黑子多或耀斑出现时，太阳发出了较多的光和热，这个变化对太阳来说是极其微小的。虽然黑子群和耀斑的面积可以比地球的面积大几十倍，但仍仅占太阳面积的千分之几，因此增加的光和热有限，有的科学家认为不超过 1%。不过这已足以引起地球上气候的变动，特别当黑子、耀斑对准地球的时候，就像探照灯照准了目标一样，影响就更大。特别明显的是距地球表面 20 ~ 25 千米高处的大气，那里的臭氧特别多，臭氧能够大量吸收紫外线，而黑子、耀斑使太阳发射出的紫外线大大增多，于是高空骤然变暖了，大气内原来的秩序也被破坏了，气流疯狂了似的违反常规运动，冬天造成了暴风雪，夏天造成了台风暴雨……而总的说来，在此时期，地球上要比平时暖和些，雨水也多一些，植物的生长因而加快。这就是我们为前面许多问题找到的答案。或者，说得更确切些，它是我们要找的答案的线索之一。

太阳上的风波不只是给气候带来影响，当耀斑和大群黑

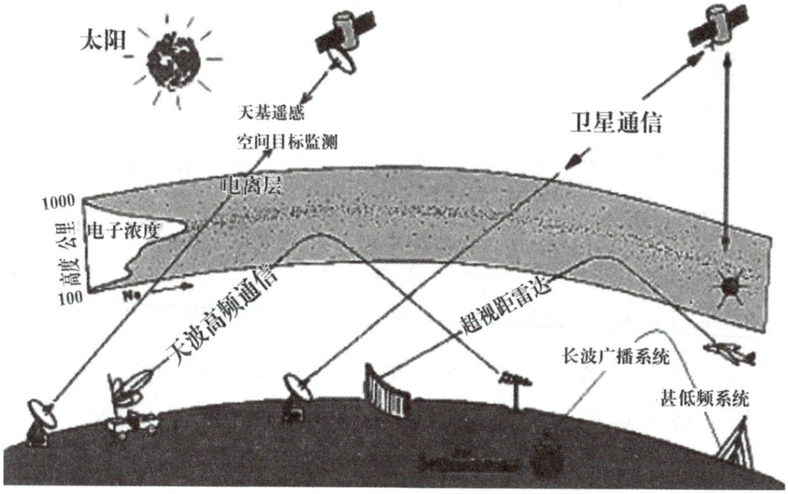

太阳耀斑爆发引起电离层扰动，对通信、导航等技术设施产生的影响示意图

子出现后几分钟，地球上的短波无线电通信会突然中断。再过十几二十小时，磁针便会狂乱地摇摆跳动，有线电报、电话有时也会失灵，甚至高压电线也受到破坏。与此同时，许多地方看到了美丽多彩的极光。

原来耀斑和黑子除了使紫外线发射得更多，还将大量带电微粒，以每秒 1 000 千米以上的高速抛向地球。地球最外层的大气叫电离层，电离层能够反射无线电波，使短波传播很远。现在大量紫外线和带电微粒突然来到这里，它们都能使电离层发生扰乱，失去反射作用，于是无线电波漏向宇宙深渊，因而音信杳然。极光的发生则是带电微粒与这里稀薄的大气相碰撞的结果。

带电微粒在大气中运行，形成一股电流，电流能使它经过的空间具有磁性，这个空间叫做磁场。地球是个大磁体，本来有自己的磁场，现在突然受到了干扰，于是地球的磁场大乱，指南针像打了摆子，这种现象叫做磁暴。强烈的磁暴能使电线产生电流，这时有线电信、输电工作等就会受到破坏。

太阳上的风波就是这样与我们息息相关，而且从近数十年来的情况看，活动有加强的趋势。按太阳活动周期性加强的规律，1960 年本来不应是黑子特别多的一年，而观测到的现象很可能是反常的，这就不能不怀疑它同气候转暖有关了。

[附]2004 年 7 月 19 日中国新闻网报道

欧洲新研究指出：太阳才是地球变暖“元凶”

欧洲一项新研究指出，太阳才是地球暖化的“元凶”，因为阳光在最近 60 年比过去 1000 年的任何时候都燃烧得更猛烈，使地球变得越来越热。

据香港《文汇报》引述英国媒体报道称，在过去 20 年，全球平均气温约上升了 0.2 摄氏度。根据 1860 年以来收集的全球天气记录，1997 年、1998 年和 2002 年是历年来最炎热的年份，科学家广泛相信地球变暖是天气反常的原因。

大部分科学家同意化石燃料排放的温室气体，使地球在过去数十年暖化，但亦有科学家怀疑阳光较前猛烈，也可能导致全球气温上升。为确定太阳对地球暖化的影响，德国马普太阳系研究所所长索兰基教授负责进行一项测量太阳黑子的研究。

研究小组调查太阳黑子在过去数百年的数据，发现太阳黑子数目减少标志地球出现寒冷时期，可历时 50 年。但太阳黑子的数目在过去 100 年增加，与此同时，全球气温亦持续上升。此外，科学家亦比较 1991 年在格陵兰岛收集的冰芯样本数据，发现新近样本含有超过 1000 年来最低的铍 10（Be10）水平。铍 10（Be10）是一种由宇宙射线产生的微粒，当来自太阳的磁能增加，在地球大气中的铍 10（Be10）亦会减少。因此，德国和瑞典的科学家认为阳光较前猛烈，是引致最近全球气候改变的原因。

索兰基尚不知道导致太阳较前猛烈的原因，以及该周期将历时多久。但他表示虽然阳光在过去20年较前猛烈，却并未足以引致气候改变，他相信臭氧层和云层上的日光较猛烈，对气候改变的影响，更甚于日光本身。索兰基认为，阳光较前猛烈和温室气体水平上升，均导致地球温度改变。

笔者补记：《太阳上的风波》原载1960年5月《新观察》第11期，那时这些知识尚不普及。如今这些知识在媒体经常有报道，已经成为人们的普遍认识了。当时有一种观点，认为地球上的气候不是在变暖，而是趋向于变冷，出现新的冰期，今天这种观点也还存在。综观各方材料，笔者认为，地球仍处于冰期后变暖的阶段。

天、地　　　　　邓建华 摄

第四章

大地沧桑

没有不"烂"的石头

"海枯石烂志不移"常用来表示坚定的决心。在人们的心目中海是不会干的，石头腐烂也不可能。的确，石头不会像有机物那样腐烂，但它实际上也是每时每刻都有变化，终究有崩解消亡的时候。

1843 年，两座世界闻名的石像，从埃及运到了圣彼得堡。人头狮身，据说是一个大神的形象，还是在古埃及法老的时代造成的。它们在埃及住了几千年，身体仍然相当结实，可是迁到圣彼得堡之后，仅仅过了 100 年，人们发现它们的身体明显地变得脆弱起来，再不设法挽救，就有崩溃的危险。

这是什么原因呢？经过"诊断"得出的结论，原来是"水土不服"。

在埃及，气候很干燥，一年很少下雨，而圣彼得堡却很潮湿。潮湿的空气中有许多水分，这些水分向石像进行袭击，石头中的某些成分和水起了化学变化，生成了新的物质，让雨雪溶解带走了。空气中的氧气、碳酸气也来火上加油，配合着水进行

黄土高原的分布，中国的黄土或类似黄土的物质分布面积约有63多万平方公里，其中真正的黄土区域为30多万平方公里

破坏。

石头中还有些成分不用发生化学变化就能被水溶走。

在埃及，不仅石头可以避免受到这种破坏，生物死后，也因迅速风干而不易腐败，所以古埃及人将人的尸体用药品处理并妥善包裹以后，竟能经过几千年一直保存到现在。这种尸体就是著名的“木乃伊”。

石像在圣彼得堡还有一种不适应，就是天气太冷了，每年都要冻冰，不像埃及那样暖和。到冻冰的时候，渗入石像身上裂缝中的水，也变成了冰，水变成冰时体积要增大1/11，能使每平方厘米的面积上，受到成百乃至上千千克的压力。这比我们用斧头去劈木柴的力量大得多，所以在北方到了冬天，就要将露天的水管用草扎起来，否则就会因冻冰而胀裂。水管经不起冻冰，石像也是一样。

石像“生病”的原因找到了，于是人们给它涂上了一层油脂，使它和空气、水分隔绝，这才防止了更大的破坏。

我们不可能随便对什么石头都涂上油脂，这样也会使石头“烂”掉的。

不过，在气候干燥的地方，石头是不是就安全了呢？

不，留在埃及的石像也在受到破坏，和石像并列的金字塔在一百年中，有减低了大约 5 米的记录。

一些岩石的球形风化

破坏的快慢可以有所不同，但是在地球上没有石头不受破坏的地方。

只要有冷热的变化，石头就会受到破坏。

石头是传热很慢的东西，不像铜、铁，烧这头那头马上就热。白天，太阳把石头的表面晒热了，里面却还是冷的，等到热传进了石头内部，太阳下山了，空气变冷，石头表面的热量便向空中散失，也变冷了。然而石头内部的热一下传不出来，里面还很暖和。

石头的内外，冷热总是不能一致，而石头是

喜马拉雅山脉，地球的脊梁，原先是大海

要热胀冷缩的，各处冷热不均，有的地方膨胀，有的地方收缩，就像几匹马拉着车子，由于方向不同，最后把车子扯得四分五裂，石头终于碎裂了。

当然，石头不会一经冷热变化便马上碎裂，因为每次胀缩的程度都很小，碎裂是长年累月变化的结果。但是如果在一天之中骤冷骤热，温度高低相差很大，胀缩程度变得剧烈，石头受破坏的速度也就加速。

拿起一块石头来看，可以发现它是由许多细小颗粒组成的。这些颗粒的性质常常不一样，受热膨胀的程度也就不同，这也促成了石头的破坏。

石头还受到生物的进攻，看起来非常顽强的石头却斗不过一粒树籽。种子掉进石头的裂缝里，在那里发芽生长，石头眼睁睁地无法制止。你不要小看那正在生长的新苗，当它的根一天天长大的时候，对周围的石头施加了强大的压力，每平方厘米上可以达到十几千克，等于用铁锤向裂缝中敲进了一个楔子。许多动物也是石头的破坏者，它们有的在石头中打洞，有的在石头上生活。

生物在死后也没有放过石头，它们的尸体分泌出有机酸，

与石头中的物质起化学变化，将石头分解。有的植物——如苔藓之类——在活着的时候也分泌出有机酸。

上面这许多破坏石头的作用，常常不是孤立发生的，既受冷热变化的影响，又被水溶解，还有生物在破坏。

这些作用总起来叫风化作用。在风化作用的影响下，没有不“烂”的石头。

也幸亏石头会“烂”，提供了形成土壤的材料，它给庄稼以生长的基础。

奇洞不奇

我国有许多洞穴，其中不少宛如神话世界，形象奇特、色彩瑰丽的石钟乳和石笋，在人们眼里成了美丽的仙女、嬉戏的猿猴，或如珠帘悬挂，或如万物垂空……

看了这些报道，使人想起《聊斋志异》中“查牙山洞”的故事。故事说，有两人进入这个山洞里，看到了许多鬼神，一人吓得死去，另一人昏厥后复苏，把见到的“怪异”告诉了人们。

山中为什么会有洞穴？洞穴中又为什么会有形象奇特的怪石？对古人来说，的确是不好理解的，所以被附会上神怪的传说，许多洞穴设想为仙人的洞府或是神龙隐匿之所，不少洞穴的名字都带有一个“龙”字，如石龙洞、苍龙洞等，在这些洞中确也常有人们所想象的“龙”一样形状的岩石。

用科学的眼光来看，这些被看做是鬼斧神工的洞穴奇景，并不是什么鬼府仙洞，而是大自然的杰作。

一般洞穴多出现在石灰岩中，因为石灰岩是一种能溶于水的岩石，它的成分主要是碳酸钙，特别是当水中所含碳酸气较多时，能使碳酸钙变成较易溶解的碳酸氢钙，因此对它

鸳鸯双瀑　　　　陈凯 摄

白云仙境有奇葩　　　李伟明 摄

的溶解作用就更强。

当石灰岩具有裂缝时，水就会钻进去，沿着缝隙使溶解部分扩大。在地下，压力大，水中能溶解较多的碳酸气，这就加速了对石灰岩的破坏，溶成了复杂的洞穴，并使许多洞穴发展到彼此相连。这些洞穴中如果有水，便会形成真正的地下河、湖，要是我们在开矿时不小心碰上了地下河、湖，这时水就会大量地迅速涌出，造成淹没矿井的事故。这种情景不免使人联想到《聊斋志异》中“龙飞相公”这个故事。故事中说有的人打井触犯了“龙飞相公”，“龙飞相公”便把“地海”的水引来，淹死了凿井的人。这里的“地海”可能就是对前面提到那种事故的描述。如果去掉迷信的成分，这个故事中所谈到的现象是完全可以理解的。

地下河、湖的“胃口”很大，当地面的河流遇到这种曲折复杂、互相连接的洞穴时，就会被它吞掉，在地面上突然失踪，但是它们往往在地下潜流一段距离后，又会在别的地面上出现。我国民间所说的无底洞，常常就是河流潜入地下深处的洞穴。

水能溶解石灰岩，在一定条件下，却又能把所溶解的物质沉淀出来。

在洞穴中，水从洞穴的顶部往下滴。这些水是从石灰岩中渗透出来的，本来含碳酸气较多，当渗出来时由于压力突然减轻，碳酸气跑了一些，一部分原溶于水的石灰质便在洞顶沉淀起来，逐渐发展成由上向下的石钟乳。那些水滴到地上后，由于水分蒸发，碳酸气继续散失等原因，石灰质继续沉淀，堆成由下向上发展的石笋。年复一年，石钟乳和石笋发展的结果，有时还能连接起来，称为石柱。这些现象排列组合，形成了千奇百怪、妙趣横生的形态。

许多碳酸气从水中散发出来，洞穴中的碳酸气多了起来，如果通风良好，碳酸气散失一些，还不会愈来愈多，可是在有些情况下，碳酸气则可能大量聚集。碳酸气比一般空气重，它们常常大量沉聚在靠近洞底一带，或者在一些位置比较低下的深洞中，如果骤然闯进去，就会有窒息而死的危险。因此在探索情况不明的洞穴时，应当持火前进，如果火焰跳动、颤抖欲灭，这就表明空气中的氧气不足，前进的人应该止步。有些井中也有这种情况。《聊斋志异》中谈到的“查牙山洞”可能也是因洞中碳酸气多，所以进去的人受不了，有的人因此致死。

黄河的故事

黄河的清浊与圣人无关

古时的中国人，在他们启蒙的时候就被告知：“圣人出则黄河清。”传说黄河五百年变清一次，甚至还有“千年难见黄河清”的说法。

黄河的水经常是浑浊的，很早就被人们注意到了。春秋时期，鲁襄公八年（前 565 年），晋国的盟国郑国受到楚国的攻击，是屈从于楚，还是抗击楚兵等待晋兵来救？郑国的当权者分成两派，争论激烈。主张归顺楚国的子驷，引诗为喻：“俟河之清，人寿几何！”意思是一个人想在有生之年见到黄河变清，几乎不可能，等晋国出兵来救，也是等不上的。结果是他这一派占了上风。

古时大多数人以为自然界和人世间的事物，都被超自然的、神圣的天所支配。洪水、旱灾、冰雹、蝗虫、地震、山崩、瘟疫等自然灾害，都被看成是人们特别是天子干了坏事、上天降下的惩罚。

“当尧之时，洪水横流，泛滥于天下。”（《孟子·滕文公》）“河灾之羡溢，害中国也尤甚。”（班固：《汉书》卷二十九，《沟洫志》第九）“禹疏九河，沦济、漯而注诸海；决汝、汉，排淮、泗，而注之江，然后中国可得而食也。”（《孟子·滕文公》）

传说中的大禹治水，大概也仅能做到减轻水患，没有也不可能从根本上解决黄河的问题。据史料记载，自公元前602年即周定王五年至1938年的2500多年中，黄河下游决溢1590多次，改道26次。据专家研究，殷商王朝曾多次迁都，至少有5次是因为避开水灾。

在汉武帝刘彻统治中国的强盛年代，元光三年（前132年），黄河在瓠子（今河南濮阳西南）决口，“泛滥为中国害，淄梁、楚，破曹、卫，城郭坏沮，蓄积漂流，百姓木栖，千里无庐，令孤寡无所依，老弱无所归。”（桓宽：《盐铁论·申韩》第五十六）以后20多年，水患不断，持续减产。汉武帝不得不派出数万士兵去修堤堵口，并动用了修建宫室的建筑材料，还曾带着官员去参加堵口背柴投水，把白马和自己佩带的玉投在河中以祈求河神的保佑。

“普天有道圣人生，大地山川尽效灵。尘浊想应淘汰尽，黄河万里一时清。”成为古时中国人的梦想。几千年来，许多中国人总是希望出个好皇帝，能够带来“河清海晏”的太平盛世就满足了。黄河清被视为会给人们带来幸福的祥瑞，但“黄河清”与“圣人出”究竟有什么因果关系？没有人能说清楚，期盼“河清”，不过是一种希望摆脱现实烦恼的精神寄托。

其实黄河水并非都是不清，得看是哪一段，汉朝初年成书的《尔雅》已注意到，“河出昆仑虚，色白。所渠并千七百一川，色黄。”即黄河在汇合众多支流前，并不混浊。

经过近代的科学考察，准确地知道，5 464 千米长的黄河，只有 1 992 千米长的中下游是浑水，占总长度一半以上的黄河上游，即从河源至河口镇这一段，水是清的。在黄河中下游，河水也有短时间变清的时候，即史书中作为祥瑞记下的“河清”，并不是 500 年乃至 1 000 年才一遇。据地质学专家李鄂荣先生考证，中国历史上的“河清”，有记载可查的便有 43 次，首见于汉桓帝延熹八年（165 年），如从此时起算，平均不到 40 年就有一次。

黄河壶口 李德水 摄

不过中国古代有些学者一般习惯于坐而论道，忽视对自然界的实地考察，对于黄河的了解，大多局限在眼前所见和道听途说。唐人孟郊“谁开昆仑源？流出混沌河”，宋代王安石“派出昆仑五色流，一支黄浊贯中州”等诗句，都不过是文人想象之作。

而出现“河清”，显然也与什么“圣人出”无关。大概谁也不会认为宋徽宗是个圣人，但他在位时，竟出现过三次河清，皇帝和百官弹冠相庆，用各种形式来歌功颂德，大观元年（1107 年），“乾宁军言黄河清，逾八百里，凡七昼夜，诏以乾宁军为清州”。“黄河清”被谱写成新曲流传，还在韩城建立记载这些祥瑞的“河渎碑”，至今还在。可是立碑后仅仅 15 年，这个导致北宋亡国的宋徽宗，便和他的儿子钦宗一起被金兵俘虏走了。

明代永乐二年冬的“黄河清”，也是被大肆渲染的一次，显然是朱棣起兵夺得皇位，需要以此来证明他是“奉天承运”。

将“黄河清”作为“圣人出”宣扬得最厉害的，是清雍正四年（1726 年）那一次，大抵也是因为雍正皇帝得位的合法性受到质疑，同时这个皇帝“于天人感应之际，信之甚笃”。

这次河清的规模比较大，持续的时间也比较长，从雍正四年十二月上旬末开始，陕西、山西、河南、山东和江苏五省的河水渐清，次年年初仍可见到。在得到河清的奏报之后，雍正表面上说“受宠若惊，不以为喜，实以为惧”。实际上是喜不自禁。不仅赶快派高官去向埋葬在景陵里的父亲康熙报告好消息，去黄河祭祀河神，而且把一大批官员官升一级，自己还动笔写下《河清颂》二千余言，命河道总督田文镜在江南清口（今淮阴县西南）建立“御制黄河澄清碑”，刊刻其上，说是感谢河神，实是给自己表功。

电视剧《雍正皇帝》中的田文镜，是以勤劳任事，一心为国而得到皇帝的信任与拔擢的。历史上真实的田文镜，也确实是一个肯干实事，深得雍正信任的为数不多的大员之一，但从他在这次“河清”中的表演来看，仍是个拍马有术之人。他在奏章中赞颂雍正“德备中和，功同参赞……已臻于无为之圣治。是以天不爱道而七政齐辉，地不爱宝而九河告瑞……臣考之典籍，黄河十年一清，至圣之君以为大瑞，然从未有清至一千里，久至一月，如今日之独盛者也。通省臣民莫不欢呼，踊跃称颂。皇上朝乾夕惕，圣德格天，昭此大瑞，以垂亿年斯年之宏庥；遇此奇逢，幸生六道化成之盛世”。吹捧得无以复加了。

62 年后，乾隆五十三年（1788 年），山西又见黄河清，巡抚明兴上表报喜，却没想到乾隆皇帝的态度和他老子截然相反，不但没有给予奖励，还被训斥了一通。乾隆甚至对古人也作了批评：“历代史策，侈陈符瑞，大率出于傅会铺张，无关实政。”称“河水澄清，虽亦间有之事，但似此侈陈祥瑞，夸示休征，殊属无谓”。还指出，上年黄河刚闹过水灾，与其出河清这样的祥瑞，还不如不要泛滥成灾。揭露了官员们报喜不报忧的恶习。最后向臣下宣示："现在晋省既有河清之事，则下游各省，自必由渐澄清。该地方官不奏则已，倘亦有似此具奏者，再将此意，明降谕旨，以示朕敬天勤政，以实不以文至意，将此先谕明兴知之。"不许再打这种歌功颂德的报告了。

所以，李鄂荣先生查到的乾隆五十三年这一次"河清"，就成为中国历史记载中最后的一次了。

黄河水的清浊，是自然现象，与圣人出不出毫无关系。

黄河何日清

"俟河之清，人寿几何！"是经验之谈。需要说明的是，这个"河"是指黄河的中下游，特别是下游。

黄河中的水，一半以上在上游获得；黄河中的沙，80%以上在中游获得。它们都集中在汛期（7 ~ 10 月）进入，汛期水量占年水量的 60％左右，汛期沙量占年沙量的 85％以上。降暴雨、发洪水时尤甚，此时 5 ~ 10 天的沙量可占年沙量的 50％ ~ 90％。

谈到整条河流的水沙量时，一般是采取其平均数。黄河每年的输沙量，许多文章和新闻报道都作 16 亿吨，含沙量作每立方米的水中含沙 34 千克。这两个数字是设在河南陕县（三门峡）的水文站，就 1919~1960 年天然状况下的观测结果统计出来的平均数。实际情况是河中的水是在不断流动的，水量和其中泥沙的多少，都因所在地段和所处时间的不同而不同。

输沙量表示在一定时间范围内，通过河流某一断面的泥沙的重量，单位通常用吨 / 年来表示；含沙量则是单位体积的水沙混合物中的泥沙的重量，通常用千克/立方米来表示，是何时何处测得，都需要注明。

含沙量的多少与输沙量的多少固然相关，但这是两个概念。印度恒河的年均输沙量接近黄河，佛经中常以“恒河沙数”比喻数不胜数，但由于它的水量比黄河大10倍以上，含沙量就比黄河低多了。河大水多，含沙量尽管小，但输沙量也可以很大。所以长江水的含沙量只有黄河水的含沙量的约1/60，但它的年径流流量比黄河要大30倍，年输沙量就接近黄河的1/2了。又如2002年黄河干流上9个水文站测得的输沙量都比多年平均量大大减少，潼关从多年平均的11.83亿吨，减少到4.496亿吨，但这并非黄河水的含沙量大大减少了，而是近年来黄河里的水少了，输送的沙量自然也少了。因此，不可以仅用输沙量减少来说明河流的泥沙问题已得到解决，实际上也可能更为严重，因为过去曾有人以此误导公众，所以这里特别说明一下。

河水中沙的多少，与它的流量大小和流速的快慢相关。因为河流的搬运能力随着它的流速、流量的增减而增减，而其中流速变化的影响大大超过流量。

下大雨、发洪水时，流水携带的泥沙多，比较粗的泥沙也能夹带在其中。当水量减少或进到比较平缓的地区，流速减慢时泥沙就会沉降淤积起来，将河底垫高，河槽变浅，容纳河水的空间变小，大水一来就要漫过两岸泛滥成灾。为了防御洪水，人们沿两岸筑堤修坝。据甲骨文专家许进雄教授研究，甲骨文中的灾字，就是像洪水浩荡，波涛滚滚之状。

流速的快慢决定于河床的坡度、河道的宽窄和水量的大小。当然，还有一个决定性的因素，得有泥沙的来源。裸露的地面比有植物覆盖的地面更容易水土流失，这是常识。据一些地区测得的数字表明，同样面积的地面，两者产生出的泥沙量可以相差一百多倍！

“黄河之水天上来”，李白的原意是指它的源头很高，事实也是如此。黄河发源于青藏高原上的约古宗列盆地。说是盆地，也高出海平面约 4 400 米，几乎是泰山海拔 1 524 米的 3 倍了。到内蒙古托克托，流程 3 472 千米，落差 3 840 多米；从托克托到禹门口，即传说中“鲤鱼跳龙门”的龙门，流程 718 千米，落差 611 米；当黄河流到河南省孟津，出宁咀峡，河道突然开阔，从宽 300 米剧增至宽 3 000 米，而自此以下直至入海，再也不受峡谷的约束，水流的速度减缓，携带的泥沙一路上大量沉积。

黄河的麻烦就出在这里，流经黄土高原时，接受了大量泥沙，流出黄土高原后，地势陡变，这些泥沙又大量沉降出来。

据原水利部黄河水利委员会 2002 年公布的数据，输入黄河的泥沙，有 80％来自位于黄河中游的河口镇水文站到龙门水文站之间，涉及黄河西岸泾河上游和洛河上游流域的 7.86 万平方千米，在这一范围的入黄泥沙年均达到 11.8 亿吨。在兰州水文站测得的年平均含沙量为 0.727 千克 / 立方米，到潼关后则为 25.7 千克 / 立方米，即流经黄土高原后，增长了 35.4 倍！

根据多年观测结果平均，每年有 4 亿吨泥沙留在从陕县（三门峡）至黄河入海口的河道中。特别是在进入中原以下地区后，由于地势低平，接近海平面的高度，河水向下侵蚀的作用减弱，转而以向两岸冲蚀开拓为主，使河道变宽、变浅和弯弯曲曲。此时水流的速度大大减慢，泥沙随之大量沉积，淤积成沙洲、沙坝，直至成为平原的一部分。河南郑州以下至海口的下游河段长 786 千米，水流的落差才 93 米，这种变化特别显著。从郑州至山东东阿县这段黄河，宽达十几千米至二十千米，泥沙淤积最为显著，泥沙以每年 10 厘米的速度抬高河床，而且有加速的趋势。20世纪50年代，23%的淤积泥沙留在黄河主河槽中；进入21世纪，80%的淤积泥沙分布在主河槽中。人们为防御洪水，在河的两岸筑坝，随着河底的垫高，堤防也越筑越高，黄河河床高出地面10米左右。在河南省新乡市，更有高出地面20米的，出现了历史上从来没有的、如此高的“地上悬河”。一旦决口将不可收拾，所以每年不得不耗资约10亿元之多去加高两岸的大堤。

因此，根治黄河水害，关键在如何降低它的含沙量，保护住黄土高原，尽量不让水土流失。古人不到自然界中去考察河水混浊的原因，认识不到河水混浊与黄土高原水土流失的关系，而是在人间的帝王是否行德政上做文章，期待“圣人出，黄河清”，就只能落空了。

中国的黄土或类似黄土的物质分布面积约有63万多平方千米，其中真正的黄土区域为30多万平方千米。

黄河之所以成为黄河，归根到底是因为有了这个黄土高原。

世界上的黄土中国最多，面积大到30万平方千米的黄土高原更是中国所特有的。

黄土高原东部，被黄河圈住的这个区域本是青青的草原，被称为鄂尔多斯。南北朝初期，中原大乱，公元407年匈奴族在此建国，称大夏天王，定都统万(今陕西省靖边县境内)，其首领赫连勃勃称赞说：“美哉斯阜，临广泽而带清行，吾行地多矣，未有若斯之美。”418年他攻下长安，称皇帝，但仍以统万为都城，长安作为南都。说明此时陕北还是水草丰美的地方。而现今的黄河已经变黄了。黄河水中的泥沙多，起决定性作用的还是自然界本身，人力只不过是使之有所缓和或加剧而已。

黄沙远上白云间

黄土高原

黄河成为世界上含沙量和输沙量都最多的河流，原因是黄土高原的存在。

黄土是地球一定历史时期在大陆上堆积起来的沉积物。主要由粉沙组成，另外还有大约20% ~ 30% 是黏土。它们都是岩石风化后的产物。

在地球上，没有不"烂"的石头，暴露出来的岩石，总会风化崩解。在地质学中，将这些岩石破坏后的产物，按其颗粒大小分类，直径在 0.005 ~ 0.05 毫米之间的碎屑，被定名为粉沙；0.05 ~ 2 毫米的称为沙；大于 2 毫米的称为砾。比粉沙更细的是黏土。它们有的留在原地，形成土壤，长在它们上面的植物，盘根错节地将它们掩盖起来，风要吹走它，水要冲掉它就不容易了，但如果裸露在地面，就会随时被风和流水搬运到别处。

黄土高原的物质被流水搬到河里和海中，使原来平坦的地面出现许多沟壑。我们可以看得很清楚。

黄土高原的黄土是哪里来的呢？

一般说来，泥土是本地地下的岩石风化而成，因此上面的土壤与下面的基岩之间，总可以找到它们之间的联系，但构成黄土高原的黄土则与下面的岩石不相干，只能是从远处搬来的。

是谁搬来的呢？有人设想是流水，有人认为是风，并获得了更多的证据。

岩石风化以后，块儿大的、重的沙砾，风吹不动或吹不远。粉沙和黏土属于较细的，可以被风扬起，使人烦恼的沙尘暴即是其表现。当它们坠落在地堆积成为黄土时，已离开它们的出生地好一段距离了。黄土中约50%是粒径小于0.01～0.1毫米的石英、长石、云母的碎屑矿物颗粒，20%～30%是更细微的黏土矿物，是可以吹得比较远的。

因此有点像打麦扬场似的，经过风的分选，从产生沙土的发源地开始，顺着风向，按组成物质从粗到细，依次出现的是戈壁、沙漠、黄土，在我国西北表现得最清楚了。沙漠是提供沙尘暴的物质基础，地面裸露和气温的冷热剧变，使这里的岩石比别处更快的崩裂瓦解，成为堆积黄土高原的材料供应基地。黄土高原就是紧靠着沙漠分布的。

由于黄土是在陆地上堆积的，不像水下的沉积物要受到水的压力和被溶解在水中的矿物质胶结，结构疏松，其中的孔隙，肉眼可见，流水容易渗入和把它冲走，所以黄土地区多沟壑。但它在干燥时很结实，没有可以层层剥开的性能，但具有沿垂直方向开裂的特性，因此在黄土地区，常见壁立不倒的陡崖和黄土柱，人们也就利用这一特性，挖出可供居住的窑洞，不仅成为我国先民的居所，而且流传至今。瑞典地质学家也是考古学家的安德生，写的一本记述他考察中国史前文明经过的书，就叫做《黄土地的儿女》。

在世界其他地方没有黄土高原，连黄土也罕见。难怪一个多世纪前，德国地学家李·希霍芬（Ferdinand Von Richthofen）看到我国黄土地区的景色要大为惊叹，首次向世界报道了中国的黄土，并提出了这些黄土主要是风带来的堆积物的说法。

而后对于这黄土的成因，学者们争论得很热烈，有些人不同意李·希霍芬的解释，认为它很可能是岩石就地风化的产物，或是流水搬来的等。

如此巨大的黄土堆积，是中国独有的现象，只有根据这块土地的历史才能找到正确的答案。

风具有很大的搬运能力，古人早有认识。

唐代诗人王之涣的《凉州词》，脍炙人口，在通行的《唐诗三百首》中，是这样四句：

> 黄河远上白云间，一片孤城万仞山。
> 羌笛何须怨杨柳，春风不度玉门关。

但也就有了疑问：玉门关在嘉峪关外，黄河河道从远在其东部千里之外的兰州附近通过，黄河水系中离它最近的是大通河，相距仍有约 300 千米，而且其间还有绵亘的山脉阻隔。在玉门关，哪里望得见黄河？怎么会产生出黄河远上白云的联想呢？

竺可桢先生经过研究，认为这是将黄沙写成了黄河之故。王之涣看见的是黄沙卷上了白云间，“沙”与“河”草写时的字形很相似，容易出错。后来在新发现的唐人抄本中居然找到了这首诗，明明是个“沙”字，证明竺先生对了。

人们似乎对竺先生的考证并不感兴趣，流传的还是“黄河远上白云间”。科学家的认真，有时确实是有点“煞风景”，本来流传已久的美好的形象或想象，被你的考证破坏了，当然不大能得到人们的赞同。竺先生曾为之感慨“中国思想从来最占有势力的是诗人与文豪，但诗人与文豪往往不顾事实而顾自己的便利的”。

1948 年喻守真编注，中华书局出版的《唐诗三百首详析》（1957 ~ 1980 年 7 次印刷）的“出塞”中，已正确写为“黄沙远上白云间”。王之涣倒是注重事实的，他这四句诗，至少给我们留下了两条自然历史记录，一是这黄沙卷上白云，也就是出现沙尘暴了；再是玉门关外没有杨柳。当然他这里所说的杨柳是指羌笛吹奏的曲牌的名字，但也可从语义的双关来理解。后来罗家伦用“左公柳拂玉门晓，塞上春光好”来赞扬左宗棠指挥人们在玉门关外种植杨柳，显然就是由此而来。

笔者赞成自己的老师王嘉荫（1911 ~ 1976）先生的观点，他在 1957 年留下的著作《中国地质史料》中说：“这个问题（指黄土的成因）已经将近百年了！现在看来还是个问题。从我国历史记载来看，应该是早已解决了的问题。在 1287 年的一次大雨土，就有七八尺厚。像这样的雨土方式有过二三十次，就解决了黄土的成因问题。”王先生在中国的古籍里面，查到了 107 次，并从而发现，各个时期记载的雨土次数相差很大，则可能反映着当时气候的干湿，雨水多，沙土被大量刮起来的机会就少了。

中国历史记载中的“雨土”，按其记述，就是今天的沙尘暴：天空黄雾四塞，沙土从天而降如雨。雨土的地点主要在黄土地区及其附近，也是一种佐证。据《元史・五行志》记载：1287 年在现今的蒙古人民共和国境内“雨土七昼夜，没死牛畜”。牛这样大的牲口也被掉下来的土掩埋了，这次沙尘暴的规模之大，可想而知。古人把这类事情看作奇异的灾变现象。那时人们相信“天人感应”，如晋代张华编的《博物志》中所记：“夏桀之时，为长夜宫于深谷之中，男女杂处，十旬不出听政，天乃大风扬沙，一夕填此空谷。”其警世之意甚明。因此有些大的事件，在正史中也会记上一笔。

从地球历史的长河中来看，沙尘暴在中国这块大地上出现已久。要不何来此黄土高原，黄土层厚达几十米，最厚达到近400米，而且在五台山、太行山等华北的许多山的顶上都有黄土堆积。

应该说黄土高原是怎样形成的，已有了答案。我国学者刘东生院士的研究结果，发现这些黄土地层保存了地球历史近期发展状况的风成珍贵记录；张伯声、张宗祐院士找到了水成记录，后者提出了“多成因”说。现在多数人认为，黄土高原是以风为主，流水为辅多成因形成的。

黄河不清未必都是害

尽管两千多年有记载的历史告诉我们，确实是“俟河之清，人寿几何！”

特别是20世纪50年代，还有过实践的教训。

1955年，国家决定在三门峡修建新中国第一座高坝水库。据称水库建成之后，全国人民就可以在黄河下游看到几千年来所梦想的那一天——海晏河清！

1957年4月，这个水利枢纽工程正式开工。1958年10月截流。1960年，一座高106米、长875米的大坝截断了黄河，大量泥沙在水库中留下，一向混浊的黄河似乎开始变清了，三门峡成了民族精神的体现、大跃进的丰碑。1960年制版的贰元人民币上印上了三门峡大坝的图案。但蓄水仅仅一年半，由于有15亿吨泥沙淤积堵塞在三门峡至潼关的河道里，使渭河水流不出去，渭河流域水位连同地下水位全面升高。800 里秦川因地下水位升高而导致土壤盐碱化，这本是一个老问题，两千多年前郑国渠的修建疏导了地下水，使关中平原富甲天下，为秦统一中国提供了物质基础。现在却反其道而行之，黄河清没有实现，反遭其害。如渭南市处于三门峡库区，在三门峡水库建成后，几乎年年闹水灾，其主要原因就是因大坝建成而使渭、洛两河淤积。

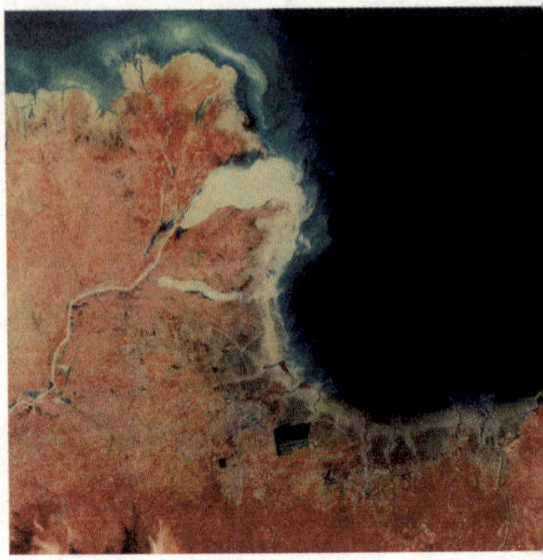

黄河三角洲

虽已有教训，但追求黄河变清，仍是一种难以摆脱的情结，时有流露。当然认识已有提高、进步，如王任重先生在 1979 年说的：“不是说吗，圣人出，黄河清。圣人就是我们的人民、我们积极造林护林的青少年。现在黄河的水是黄的，每年有多少亿吨泥沙从黄河流入东海。真正地把植树造林搞好，黄河的水是会变清的……经过几十年的努力，是一定可以做得到的，我们也一定要做到。”将圣人解释为众人，从保护植被入手，都是可取的。

还有人以为：实施西线调水后，有了充沛的水源，可以改造三北地区，根治黄土高原的水土流失，彻底解决黄河的泥沙问题，从而实现“圣人出，黄河清”这一中华民族世代梦寐以求的美好夙愿！或者说：保护和建设好生态环境，就可以把黄河水变清，实现“圣人出，黄河清”的梦想和“万山不隔中秋月，千年复见黄河清”的期盼。

好像都在讲科学了，但对自然界各种因素之间，和它们与人之间的关系，仍缺乏认识。

古时人们没有生态环境的概念，对河清现象并非从自然的角度去探究，而是作为“祥瑞”来看待，着重在“圣人出”。

按其本意是，河清现象的出现，表示有圣人出生了。而天下得到圣人治理，百姓就有好日子过。后来也理解为圣人把天下治好了，黄河就会变清，因此每有河清现象出现，便要视为上天降下的“祥瑞”，成为拍马屁者为帝王歌功颂德、本人升官发财的好机会。

中国历史上对环境的破坏，由于帝王自认为代表天和在执行天的意志，“圣天子百灵呵护”，具有超越自然的权力，对自然却又无知，所以特别能干出唐吉珂德斗风车的蠢事。秦始皇下令砍光湘山的树木以惩罚山神，就是个典型。西方也有过滥伐森林的时期，但后来有了科学知识，知道植树造林以维护环境，注意人与自然的协调，才有了今天较好的绿化程度。

说到底，古人追求黄河清是从人文而不是从自然，更不是从科学的观念提出的。所以想到的就是要河水清，因为这才是“祥瑞”。其实泥沙多了也不见得就是坏事。用科学的眼光来看，河水的清浊是客观的存在，并不预示或显示人世的政治是否清明。河水里的泥沙多和任何事物对人来说都有弊亦有利一样，在于人怎样应对。

我们不妨假设一下，假若黄河水里没泥沙了，会怎么样？

从尼罗河由浊变清产生的后果，可以得到一些答案。

尼罗河在阿斯旺大坝建成以前，年输沙量约有 12 500 万吨，河水中的泥沙 98% 以上是悬浮状态，其中富含植物生长所需要的成分，它们可以被河水一直带到海中，并在途中泛滥到两岸的田地上留下，使这些土地在 100 年中增加 6 ~ 15 厘米厚的肥沃土壤，农民无须施肥便能得到丰收。在大坝建成后，年输沙量降到 250 万吨，即有 98% 的泥沙留在水库中。河水清了，每年的泛滥也没有了，没有了天然的施肥，不得不使用化肥来代替，增加了成本，还使土地受到化学污染。

更成问题的是，本来每年被带进海中的泥沙约有 9 000 万吨，它们不断沉积补充，使尼罗河三角洲不致因海浪的侵蚀而削减，海岸线大体能维持在原来的位置，现在这个平衡被打破了，陆地开始后退，海水还渗入到陆地这边的地下水系统中。此外，失去混浊的河水带进海中的营养成分，河口附近海中的鱼类大大减少。因此，黄河水中多泥沙，并非就是坏事。

黄河中的泥沙主要来自黄土高原，黄土含有氮、磷、钾等多种农作物生长所必需的成分，黄河虽无尼罗河那样的定期泛滥可以利用，但引来黄河或其支流的水灌溉，也能收到肥沃农田的效果。汉代留下的民谣："田於何所？池阳、谷口。郑国在前，白渠起后，举锸为云，决渠为雨。泾水一石，其泥数斗。且溉且粪，长我禾黍。衣食京师，亿万之口。"（"郑国"指秦时修建的郑国渠，白渠是汉武帝太始二年（前 95 年）修，故称郑国在前。锸是开渠使用的一种工具。）说的便是将黄河支流泾水引来灌溉得到的好处，从耕作中认识到河水留下的淤泥，有大粪一样的肥效。

事情还不止于此，黄河下游广袤沃野，从根本上说，就是河水中的泥沙堆积出来的，这种作用一直到今天还在进行。由于黄河水中的泥沙特别多，因而不仅能抵挡海水的侵蚀，还能压过去，使黄河三角洲向海中扩展，对比地球资源卫星在不同年份拍得的黄河三角洲照片，可以看得很清楚。

据山东省水利厅 2002 年公布的数字，从 1954 年到 1982 年，这里的海岸线平均每年外延 470 米，填出的陆地平均每年近 40 平方千米，现在山东省东营市的垦利县和河口地区，大部分是黄河淤出来的"新大陆"，东营市人均占地是全国人均占有土地的 3 倍，目前尚待开发的盐碱地有 34.6 万公顷，是中国东部沿海土地后备资源最丰富的地区。现在全国耕地面积每年以 0.3％的速度递减，唯有这里却每年以 0.5％的速度递增。不过近年来由于黄河水量与含沙量都有减少，入海泥沙量自然也要减少。黄河三角洲每年造陆面积已相对减少到1万至2万亩，陆地向海中扩展的速度减缓了。

因此可以说，黄河水中如无泥沙，也就不可能有肥沃的中原，华夏文明也不会在此产生。不仅是中华文明，古巴比伦文明如无幼发拉底河和底格里斯河造成的三角洲，古埃及的文明如无尼罗河造成的三角洲，古印度文明如无恒河造成的三角洲，统统不会产生。

在河流的入海处多有三角洲出现，是那些能随着河水长驱入海的泥沙，因它们的颗粒细小能成为胶体状态悬浮于河水中，所以没有在中途坠下，而在与含有许多食盐、硫酸镁等电解质的海水相遇时，这些泥沙微粒所带的负电荷被海水中的阳离子所中和，胶体状态被破坏，就要结成较大的粒子沉淀下来。

入海的河水中多泥沙，是形成三角洲的必要条件，泥沙少了还不行，刚刚堆积起来，就会被“朝来暮去淘不住”的海浪淘走。

黄土中的物质粗细大多符合形成胶体状态的条件，所以黄河中的泥沙能大量入海造成面积广大的三角洲，从这一点来看，黄河泥沙特别多，应该看成是我们的得天独厚。对比一下荷兰人，花了多少人力、物力来补救因地面下沉而出现的海水入侵，就明白了。要是没有黄河、海河这些河流带来泥沙，我们也将面临这种局面，因为华北平原也是一个下沉的地带。

因此，黄河水变清，效果并不一定都是好事，黄河水不清也不见得都是坏事。

据报道，在郑州建立的黄河碑林中，有毛泽东的“实事求是”巨碑，字大如斗，闪烁着真理的光辉。同时有老艺术家任侠书写的碑文“如今圣人出，能使黄河清，众人即圣人，合力功乃成”，揭示了人类社会向前发展的动力所在——群众是真正的英雄。“实事求是”，说得很好，我们就是应该实事求是地去对待黄河的泥沙，与“圣人出”联系起来不对，即使把圣人解释为众人，一样得实事求是。

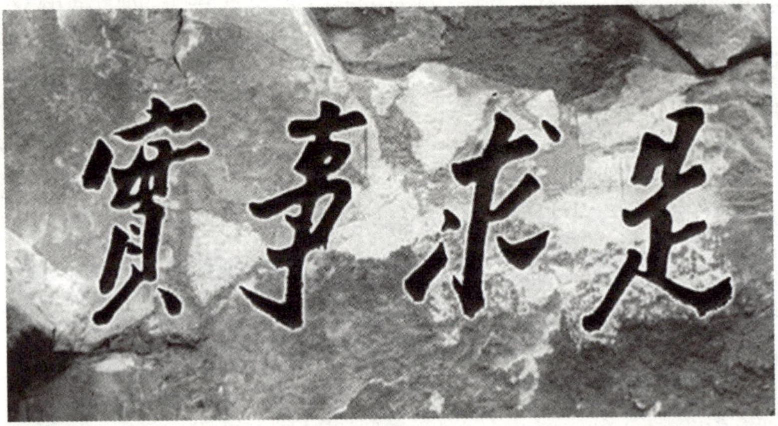

“实事求是”碑墙

时至今日，还有人借 2003 年 5~6 月间壶口地段的黄河水突然变清的报道，又搬出“黄河清，圣人出”来预言：“右派老朽不堪，正气将重新确立。”可见这个“天人感应”的影响多么深远。其实此现象很快就有了科学上的解释：第一是流量太小，第二是长时间的封冻。流量变小并非好事，由此而出现的暂时河清，有何可以称道之处？

近十几年来，黄河水量持续减少，1986 年以来水量比多年平均减少 30％以上。水量减少是流域气候变化和人类活动的影响共同造成的。随着黄河流域的开发治理，用水量在不断增加，现已达年均 260 多亿立方米，占到黄河天然径流量 560 亿立方米的近一半。今后对黄河用水量的需求将继续增加，据估计，到 2010 年黄河缺水量将达到 40 亿立方米，2030 年和 2050 年缺水量将分别达 150 亿立方米和 230 亿立方米。因此即使气候条件恢复正常，黄河水资源日趋紧张的趋势仍不可避免。

水文资料显示，自1990年以来，黄河进入了周期性枯水期。根据这些年频频出现的水资源危机，有人惊呼，如不加紧治理黄河，那么用不了多少年，黄河将成为内陆河。这倒是真正值得注意的问题。

不只是气象、水文、地质、生物等自然条件在控制着黄河的发育，人当然也起有作用，作为一种地质营力，他可以对环境产生一定影响。但在青藏高原的隆升和大气的活动，这些对黄河的发展起决定性作用的自然力量面前，人是无力去改变的。

如果实事求是，为什么不可以从黄河水多泥沙的实际出发，因势利导，以求化害为利？“善为川者决之使导，善为民者宣之使言”。对于泥沙也应该疏导，《汉书·沟洫志》载：“汉平帝元始四年，大司马史长安张戎言，水性就下，行疾则自刮除成空而稍深。河水重浊，号为一石水而六斗泥。今西方诸郡，以至京师东行，民皆引河、渭山川水溉田。春夏干燥，少水时也，故使河流迟，贮淤而稍浅；雨多水暴至，则溢决。而国家数堤塞之，稍益高于平地，犹筑垣而居水也。可各顺从其性，毋复灌溉，则百川流行，水道自利，无溢决之害矣。”他已经认识到当流速高时，带有泥沙的河水不仅不会有泥沙沉降下来，还能把河底原来淤积的泥沙冲刷掉。他主张要设法使河流保持足够的搬运能力，把泥沙带到海里而不是在河道中沉积。河水中多沙并非一定形成坏河。齐璞先生经过多年对黄河泥沙输移的研究，发现窄深河槽有利于高含沙水流输送，适宜输送的含沙量为300～800千克/立方米，而不是低含沙量。其原因是黄河泥沙组成细，随着含沙量的增加，流体的黏性增大，粗颗的沉速大幅度降低，使其在高含沙水流中更易悬浮，而河床对水流的阻力没有增加，利用高含沙水流输送黄河泥沙是十分理想的技术途径。现在在三门峡下游，河南省洛阳市以北、黄河中游最后一段峡谷的出口处，又修建了一座水库，这就是历经11年，在2001年12月31日全部竣工的小浪底水利枢纽工程，对修建这个工程也有争议，但这回接受了三门峡的教训，不仅是蓄洪拦沙，还考虑了排沙，设置有输送高含沙水流的排沙系统，并在2004年6月进行泄水排沙试验，取得成功，减少淤积泥沙三千多万吨。也许还有待检验，但总算是摆脱了圣人情结，走出了以河清为目标的传统。

如果从科学角度进行分析，黄河之浊乃是由于地质营力作用于黄土高原，河水冲刷并携带泥沙的结果。如能通过进一步研究，找到绿化和防治黄土高原水土流失的规律，黄河水变清也是可能的。

泉源非无尽

地下水告急

不少著名的泉源呈现枯竭之势：难老泉老，趵突不突，玉泉水枯。

难老泉在山西太原晋祠，史书记载："大旱不涸，隆冬不冻。"早在春秋末期就被用来灌溉，滋润着这里上万亩良田，历时已两千多年。用这种泉水培育出来的晋祠大米，粒大质韧，富有特色，据说连蒸五次也不会烂。

"晋祠流水如碧玉"，这里的泉水特别清澈，给人以滑腻之感。

其实难老泉中所含的矿物质是不少的，每升水中有

0.7 ~ 1 克矿物质，主要是碳酸钙，还有硫酸钙（即石膏的成分）。晋祠泉水来自富含石膏的石灰岩地层，所以这两种成分多，但它们都是以溶解的状态存在于水中，并不使水混浊。

石灰岩较易为水所溶解，破坏后产生的泥沙较少，所以这种岩层中流出的地下水往往比较清澈。由于水的溶蚀，石灰岩的内部常有许多空洞，能大量储存地下水。山东济南的趵突泉、北京玉泉山的玉泉和晋祠泉水一样，都出自石灰岩地层中，并都以水量充沛著称。

1913 年 11 月测得的晋祠泉水流量是每秒 3 立方米，也就是说，一年可以灌满一个十三陵水库还有余；20 世纪 50 年代降下来了，但仍有每秒 2 立方米左右；1965 年秋天笔者来到这里，还看见难老泉的水头有碗口大小，圣母殿前飞梁下的鱼沼中，泉源汩汩，游鱼成群。

趵突泉

著名的济南趵突泉，“三尺不消平地震，四时常吼半天雷”，得了“趵突”之名。据山东水文站 1954 年观测，趵突泉及其附近 17 个泉眼组成的泉群，那时每秒的涌水量是 2.24 立方米。

北京的玉泉，在 20 世纪 60 年代初水量还不小，虽然“寒流溅石鸣珠佩，影落悬崖挂玉虹”这种情景看不见了，但还在滔滔流出，散为溪池，哗哗的流水声，一二里外也能听见。

可是，20 世纪 80 年代初期，趵突泉已不见当年的雄姿，一到水枯季节，更只有涓涓细流缓缓外溢。

从晋祠文物管理所郭永安同志给报纸写的信中可以看

出，现在晋祠泉水的流量，已降到了每秒仅0.6立方米，鱼沼飞梁下水干鱼绝。

玉泉山的泉水也不自流了。为什么会发生这些变化？

地下水出现了“赤字”

地下水也有一笔收支账，也会出现赤字，泉源枯竭，就是出现赤字的一种表现。

笼统地说，地下确实称得上是个大水库，在4 000米的深度以内储存的水，比陆地上所有江河湖泊中的水量大36倍还多。但具体到一个地区，地下有多少水，各有各的限度。

水在地下，主要藏在那种能透水的岩层中间，像内部孔隙多而且大的砂岩，因溶蚀而存在空洞的石灰岩，都能构成透水性能良好的岩层。位于表层的沙土砾石堆积物，质地疏松，当然更能透水。另一些岩层，如黏土内部孔隙虽很多，但太小；花岗岩结构紧密，孔隙很少，都难以透水。这些透水的岩层和不透水的岩层结合起来，形成了可以储水的地下构造。

有了可以储水的场所，还得有水去储存，地下之水何处来？主要靠地面水的渗入。譬如山西省每年的降水量有836亿立方米，这些水约有300亿立方米经过蒸发回到大气中，还有117亿立方米从地面流走，剩下300多亿立方米的水渗透到地里去了。

泉水的涌出和井水被汲取，是地下水的支出。

收入大于支出，地下水的库存增加，相反就会减少。

一个地区有多少地下水，受到那里的气候条件、地质构造等多种因素的限制，我们可以利用的地下水量，也是有限度的，如果在不影响它的收支平衡的范围内开采，那么水源便能长期稳定，真的是取之不竭；如果过量取用，造成补给不足，这时就要消耗多年积累起来的库存，使这里的地下水量减少，水位降低。

有人算了一笔账，北京城区、近郊区地下水每年得到的补给约有 6.7 亿立方米，而 20 世纪 80 年代初期一年的开采量达到了 9 亿多立方米，这个赤字是很大的，多年来就靠动用库存来弥补，结果是地下水水位下降。和 20 世纪 50 年代初期相比，西郊的地下水位下降了约 10 米左右，东郊下降的幅度还要大。这就难怪玉泉要枯竭，海淀一带好多自流井也不流了。现在这些地区的地下水位还在以每年 1 米的速度下降，据推算，长此下去，最多再过三十几年，北京将出现无地下水可用，岂止是“玉泉垂虹”消失而已。

赶上气候干旱，地下水的补给量较少，当然也是泉源枯竭的一个原因。

如果给我国北方的干旱、半干旱地区都算一下地下水的收支账，你将看到，出现赤字是相当普遍的现象。难老泉老，趵突不突，除了这种明显的标志，在一些别的地方也可以感受到这种赤字带来的困难，大自然正在给我们以惩罚。

大自然的惩罚

据说：“天津市有一怪，自来水可以腌咸菜。”这也许是加了点艺术的夸张，但天津市的地下水，一度愈来愈咸苦，这是事实。其后引来滦河水，才得到解决。

超采地下水引起地面沉降示意图

从 1930 年发表的“天津英日两租界内自流水井调查报告”可以得知，那时天津的地下水一升水中各种矿物成分的含量仅有 0.7 克左右，即和晋祠泉水差不多。这些矿物质中，氯化钠约占 1/5。报告的结论是“水清适饮”。

水质变坏的原因，有地面污染的作用，还有就是地下水的大量抽取。在这种滨海地区，当地下水位降低到海平面以下时，海水就会向大陆这边渗透过来。在旅大市，我们也看到了这种情况。1964 年前，这里的地下水适于饮用和灌溉，可是在 1965 ~ 1978 年间，取用地下水过量，使一些地段地下水位降低了 10 ~ 40 米，海水入侵的面积达到一二十平方千米，这些地方的地下水含盐量增加了十几倍。

即使没有海水侵入，地下储存的水量减少，特别是垃圾废水的污染，也会使地下水的水质变坏，硬度增加。北京有的地区，现在地下水的硬度超过了 29 度（国家饮用标准最高不能超过 25 度），比 20 世纪 50 年代时增长了一倍多。有的井水的硬度甚至达到 30 ~ 40 度，某些主要水源还在以每年 0.5 ~ 1 度的速度增加。

正在下沉的威尼斯

地下水的大量采取，还会造成地面沉降，这是因为充填在岩层孔隙中的水被抽走了，留下的空间被压缩变小，黏土层表现得特别明显。因取用地下水过量而导致地面凹陷，现在已成为一个世界性的问题。意大利名城威尼斯，近几十年来一直在下沉，平均一年达到 1/10 英寸（1 英寸等于 0.0254 米）的速度，古老的圣马可教堂前的广场，多次被海潮侵入，海水曾冲上教堂入口处的台阶。沉没的威胁使居民纷纷外迁，同时吸引了大批旅游者前去访问这个城市。只是在停止使用这里所有的（约 3 000 眼）深井后，地面才停止了下沉。日本东京也有这样的遭遇，现在限制了地下水的用量，下沉速度减缓，但并未终止。我国有的城市，初步解决了这个问题，但也还有不少城市地面在继续沉陷，需要注意。

自然界的水是个统一体，地下水和地面水互相转换，地下水用得多了，那些靠地下水补给的河流得到的水就少了，甚至因而干涸断流，使已经修好的水库变得没有多少水可蓄。不全面算一算水账，就会吃亏不小，如由于打井过多，取水过量，以致大批水井报废的教训，已经不少了。

这些问题的产生，突出的原因是城市人口和工农业的用水量增加，特别是工业的需要增长很快。上海市 1978 年工业用水量比 1949 年增加了近 17 倍，北京市增加了四十多倍，北京城区、近郊区地下水总开采量的一半以上是用于工业。

工农业当然要发展，地下水资源也需要保护，这个矛盾怎么解决呢？

抢救地下水

一方面供水很紧张，对地下水过量开采；另一方面用水又很浪费，一些自来水管道、龙头昼夜不停地在那里漏，却长期无人修。有的地方，20%~30% 的自来水就这样漏掉了。

在工业用水中，很大一部分可以回收使用。日本的回收率已提高到 70%。有人计算，如果我们也能达到这个水平，仅北京市每年节约的水，就有 3 亿 ~4 亿立方米。

每年还有大量降水从地面匆匆流入海中，没有得到使用，如果充分地利用起来，地下水的用量相应的就可以减少。地面上森林草原的培植，可以吸收更多的水分，给地下水以补充。将用过的水用人工的方法灌入地里，也是使地下水增加收入的一个办法。

总之，办法还是有的，需要我们因地制宜地去应用和创造，而看来最关键的一条，是改变现在这种喝“大锅水”的状况，没有“大锅水”可以喝了，就逼着人去想办法。

这种喝“大锅水”由来已久，“凿井而饮，耕田而食，帝力何有于我哉！”我需要用水就打一口井，谁也管不着。喝“大锅水”再加上无政府主义，这在生产力低下的古代，还看不出有多大的影响。现在抽水能力很高的机井打起来了，井打得多了，僧多粥少的矛盾就明显起来。像北京市的机井，56 年前留下的数字是 32 眼，20 世纪 80 年代初期仅近郊区已增加到近 8 000 眼，地下水的水位怎能不大幅度下降！

一个地区，有多少地下水可以利用，打多少井才合算，应该在什么地方打井，都是受到水文地质条件限制的，不尊重科学，必定要吃亏。不幸的是，乱打水井、乱采地下水的事还不少。自备水塔林立，单位之间互相争水，就是一例。出现这类问题的原因是现在我们取用地下水不需要偿付代价，也无法可依，还是“帝力何有于我哉”。看来，今天要抢救地下水，就得从纠正这种喝“大锅水”和无政府主义做起，总之是不能再这样继续下去了。

不平静的大地

在人的感觉中，脚下的大地最安稳不过了。难怪北宋名臣富弼在一次大地震后要向皇帝说：“地者至大、至厚、至静，不可动摇之物也。”“地道宜静，至于动，则非其常”。地是不动的，现在动起来了，不正常。那时把地震叫地动，一直延续到笔者小时候，民间也是这样叫法。

其实在没有地震发生时，地也是在动的，现在大家都知道地球在自转和公转，这是地球整体在转动，我们感觉不出来；同时地球岩石圈层中的任何部位都在发生垂直和水平方向的位置移动，表现为地面形态的变化，一般我们也不能察觉，但长期积累下来，如果留心，前后比较，也能认出。

在渤海北部，河北省昌黎县东边，有人考证，两千多年前，曾有一座名叫碣石的山丘屹立在海滨，是观赏海景的好地方，秦始皇、汉武帝都曾登临游览。它本是和陆地相连的，位于海岸之上，但后来海水漫上了陆地，使它变成了孤悬海中的一堆礁石，后来更沉没到海中去了。虽然对历史资料如何认识还有不同看法，但这里的地在下沉是现在可观察到的事实。

世界上许多地方都有下沉的现象，西欧沿海特别是荷兰，就是著名的下沉地带。从 1800 年至 1900 年间，荷兰的海岸下沉了 30 厘米。在黑海东部的苏呼米湾，还发现过整整一座沉入海底的古希腊城市。英伦三岛本来和大陆是连在一起的，现在与欧洲相隔的海峡是地壳下凹的结果。台湾海峡也是如此。

在华北平原钻井，许多地方都会碰到一层红土，它们是在一二百万年前的陆地表面上形成的。本来高于海平面，可是现在却埋在比海平面低得多的地方，这有力地证明了华北平原在下沉，只是由于黄河、海河这些河流带来大量的泥沙

从山上采到的狼鳍鱼化石（引自任东、卢立伍、郭子光等《北京与邻区侏罗－白垩纪动物群及其地层》，1995 年）

远古的记忆　　李新刚 摄

珠穆朗玛峰

赤铁矿、白云岩受动力作用形成的褶曲
（引自王曰伦、孙忠和等《中国海相火山-沉积成矿理论及相关地质问题》，1988 年）

平卧褶皱

典型的褶皱构造

充填，今天才未沉沦为海。

另外，一些地方在明显地上升。在太行山上，早在九百多年前，宋代的沈括就已发现这里的山崖上有螺蚌壳和卵石，它们就是地壳隆起的证据。不仅太行山，今天我国许多高山都在上升，从前的河滩变成今天河流两侧地势很高的山崖是常见的现象。特别是喜马拉雅山和青藏高原，是世界上最显著的上升地区，因为它们是地球最近历史时期才从海底上升为陆地高山，在过去的十多万年中，曾有 100 年上升 12 ~ 13 米的记录，近期测得的数据是一年上升 5 ~ 10 毫米。我国广州附近的七星岗的悬崖上，找到了海水侵蚀造成的凹槽，说明从前这里紧靠大海，现在则远离大海了，也证明这里的地势在升高。

北欧的斯堪的纳维亚半岛，更以上升而闻名。芬兰、瑞典之间的波的尼亚湾正在变得越来越浅，1602 年在那里建造的一个能容巨舶的海港，建成后不到 100 年，就因地势升高海水下落不能使用了。

海水淹没海边的陆地或退却，会不会是海洋里水量有增减，并非地面下沉或上升的结果呢？可能有这个因素。从全球的情况来看，1 7000 年以来，由于原来面积很大的冰川逐渐消融，海面一直在升高，最初，平均每 100 年就要升高 1 米，但这个速度到距今 6 000 年前即已大大放慢，降到每 100 年升高 10 厘米左右。因此，仅仅用海水水量增加来解释一些地区被海水淹没是不够的。特别是一些地方出现海面升高，海水漫上大陆的情况时，另一些地方的海面却在降低，更说明不是由于海面的高低有了变化，而是地壳在下降或上升。

地面，更准确地说是地球岩石圈的表面在升沉，一般人只要留心，还是可以察觉到的。而沿水平方向的移动，就不容易认识了，因为难以找到可以识别的天然标志。大陆漂移说的提出者魏格纳，是首先注意到这种变化的科学家，他是从大西洋两岸轮廓极为相似得到启发，设想欧洲、非洲和美洲原来是连接在一起的大陆。而将几次测量的结果作比较，则发现北美的格陵兰岛和欧洲的距离正在一年年扩大，也是有力的根据。

在人们注意到地壳的水平运动并进行大量观测以后，找到的证据越来越多了。人造地球卫星拍摄的照片使我们清楚地看到红海和亚丁湾两侧的海岸也是极其相似的，简直可以吻合起来。测量的结果告诉我们，红海正以每年 1.5 厘米的速度加宽。

一些研究结果还表明，日本正在向亚洲大陆靠近，曾有每年 18 厘米的记录；菲律宾板块正以每年 8 厘米的速度挤压欧亚大陆板块，使我国宝岛台湾向大陆漂移，也造成台湾岛西面的山脉不断抬升。而印巴次大陆则在向亚洲大陆挤过来，向青藏高原之下俯冲。

美洲大陆还在向西移，大西洋还在扩大。

不仅是地壳，整个岩石圈都被认为在那里大规模地“搬家”。一些很深的断裂把岩石圈分割成若干被称为“板块”的块体，它们“浮”在比较重并具有塑性的物质之上。这些“板块”之间，由于发生位移而裂开、挤压或碰撞。现在已有日益增多的证据支持这个板块构造说。虽然它们为什么会运动和在怎样运动的问题还没有完全解决，但地球的岩石圈层中确实存在着大规模的水平运动，这已是不争的事实。许多山脉都是地壳发生剧烈褶皱才隆起成山的，而这些褶皱

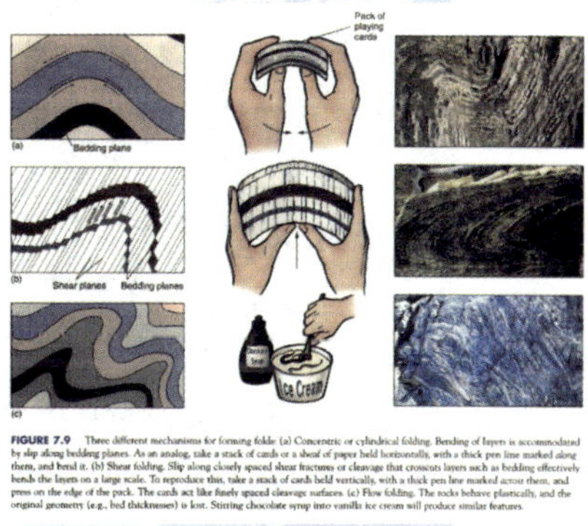

褶皱类型

的产生，主要是受到水平方向挤压的结果，有点像我们用手平推桌布，桌布就会皱起一样。

大地经常在运动，在今天不仅有人们的现实感觉可以证明，还有卫星定位系统（GPS）的发明，使得地球表面不同“块体”之间的运动变得可以测定，更有大量保存在地层中的沧桑变迁记录作为依据。没有地壳的升降就没有地面上凸出的部分作为提供沉积物的来源，也没有下凹的洼地作为接受沉积物的场所。而这些沉积物变成的岩石，如果不因地壳运动而升起，我们在地面也无从看到。因此这表面上似乎静止不动的大地本身，就是地壳在不断运动的见证。

这些运动正在进行，而且还会继续下去，给我们的生存环境造成的影响是很大的。新近研究结果表明，黄河上源水枯，不仅是气候方面的原因，还与青藏高原在升高有关。

地是在不断变动的，因此我们在建设中，必须把地球长期变化后是什么状况考虑进去，这也是人们最容易忽略和误会的。因此，认识到地并不是稳定不变的，是很重要的。

● 1999 年 5 月，美国“千禧年珠峰测量”计划实施，张江齐等中国学者作为合作方在北坡脚下给予协助，并提供参考数据。11 月，该计划的总策划人和组织实施者布兰德福特·沃斯本在美国国家地理学会的年会上宣布测量结果为 8 850 米。

● 2004 年 8 月，中科院青藏高原研究所所长姚檀栋在一次国际学术研讨会上说，地壳运动虽然使珠穆朗玛峰以微小的速度在增高，但由于全球气候变暖，珠穆朗玛峰整体高度在降低。根据中国科学院院士陈俊勇等人的观测，从 1966 年至 1999 年，珠穆朗玛峰顶部累计降低 1.3 米，并且继续在降低。

● 2005 年 10 月，国家测绘局公布的珠穆朗玛峰最新高度为 8 844.43 米。

第五章

走进科学新天地

天地玄黄，宇宙洪荒。至哉坤元，万物之祖。“天地合而后万物兴焉。”（《礼记·郊特牲》第十一）故古代哲人解释世界，必从天地始。谈天说地之作，可谓汗牛充栋，但由于多为坐而论道，比喻附会，臆想玄谈，鲜有即物穷理，以求真知。故历时两千年，传统文化的主流仍以为天不变，道亦不变。地道常静，动则非常。及至西学东渐，始能以科学之眼光，重新认识天地，但由于传统思维的根深蒂固，加上天地之间仍存在大量人类尚未认识之事物，悖离科学之说甚至是迷信、巫术仍不乏信徒，如“世界末日”邪说，均有其市场。每遇灾害突发，表现更为明显。要做到全社会都能科学认识天和地，还有漫长的路要走。普及科学，仍为要务。

印度洋海啸之后的思考

2004 年 12 月 26 日在印度尼西亚的苏门答腊岛西北近海发生的地震，震级高达 9 级，震源只有 10 千米，对固体地球的表面产生巨大破坏是必然的，但也未必造成严重伤亡。可这次地震造成的灾害严重，还因为引发了海啸，成为人类历史上记录到的同类灾害中死亡人数最多的一次。最后各国官方公布的数字，死亡总计近30万人。在此以前的记录是1755年11月1日，袭击葡萄牙首都里斯本的地震海啸，最高估计死亡为7万人。当时没有准确记录，有不同的说法，均为事后估计。

日本是受到海啸袭击最多的国家，海啸一词即为日本人提出而为国际所公认，西文中按日本语原词音译为TSUNAMI。

由于经常受到海啸的威胁，日本特别注意对海啸的研究，有严密的预警机制。一般认为，如果这次是日本遭遇海啸，伤亡会大大减少。因为地震引起的海啸，一定是发生在地震之后，并需要一段时间传播，即使这些波浪的运动速度很快，一般也要一个小时才能传到几百千米以外。1960年5月22日智利大地震产生的海啸，是在地震发生后15小时才到达夏威夷群岛。这次海啸的传播速度达每小时800千米，而从震中到达斯里兰卡，也费了两小时。因此只要不是离震源太近，可以有时间逃避。以今日的技术，地震的发生虽尚不能准确预报，但地震一旦发生就能测出，海啸的发生也可察知。遗憾的是，在印度洋地区，如英国《金融时报》的文章所指出，这次灾难凸显印度洋预警系统缺乏。

要建立这种预警系统，必须大家通力合作。海啸到来不需要你的签证，在十几米甚至更高的浪头面前，人不分国籍、种族、贫富、宗教信仰，都要被一扫而光的。全球化不仅是经济的需要，更是人类维护自己的生存环境、确保自己能持续发展下去的需要。

过去地震海啸造成的灾害，主要是太平洋地区有记录，印度洋周边诸多海湾，宁静宜人，风光旖旎，大概也因此忽视地震海啸可能造成的灾难。

从渐变到突变是地质学、生物学都已充分证明的规律。正是在这似乎很安稳的大地下，这里的岩石圈层早就在发生形变，聚集能量，孕育着地震的发生。居安思危，曲突徙薪，防患于未然，这些古老的箴言，今天仍然管用。“祸兮福所倚，福兮祸所伏”的哲学，也在这里体现出来了。

西西里岛北边海中的斯特朗博里火山，大体间隔十多分钟就要喷发一次，有轻微的爆炸但不猛烈。它持续活动已超过 2 000 年了，并没有留下造成灾害的记录，得了地中海灯塔的美名，成为人们观赏旅游的胜地。地震也是如此，经常有小地震的地方，一般不会发生大地震。道理很简单，能量在这些频繁但不太猛烈的喷发和震动中释放了。这个规律也适用于社会，鲁迅“于无声处听惊雷”，当有此意，他是学过地质学和进化论的。

1755 年里斯本大地震造成毁灭性灾害发生后，欧洲的新教和旧教互相指责是对方的行径触怒上帝引来的惩罚。天谴论在西方也是有的，在中国文化中更是源远流长。每当出现这些灾害必定要用“天人感应”的观点来解释，据说应该由天子来负责，但实际上常以后妃、宦官和执政的大臣来顶替。而不管由谁来承担责任，用这种思维方式，地震的原因永远也搞不清楚的。

荀子说：“天行有常，不为尧存，不为桀亡”是对的。不把天与人分开，如何能认识自然。这次海啸对中国的影响小，是地质地理条件决定的。这不仅有许多媒体报道中提到的中国海区外围有成串的岛屿、暗礁环绕，形成了一道抵抗海啸的天然屏障的因素，更起作用的是我国大陆边缘有广阔的大陆架，这是一个坡度平缓、水深不超过 200 米的大平面。

海啸实际上是波浪运动的一种表现，也可称为地震海浪。不过它的波长较平常的海浪长得多，可达几十千米到 200 千米。海浪运动的特点是，看起来后浪推前浪，其实水的质点仍在原地兜圈子，是通过圆周运动的方式把波动传开去，犹如风吹起麦浪翻滚，似乎是麦草在随风前进，其实仍在原地。

这种波浪的圆周运动向下传播时，随着深度的增加而减弱，所能影响的最大深度不超过 200 米。因此海啸在进入到深度小于 200 米的浅海时，就会与海底接触，相互摩擦，使波浪拥有的能量被消耗，变得愈来愈弱。因此大陆架的存在，可以使海啸的危害减轻。

打开世界地形图看看，受海啸破坏最严重的地区，多是那种附近的大陆架很窄，甚至没有，紧靠深海沟的地带。

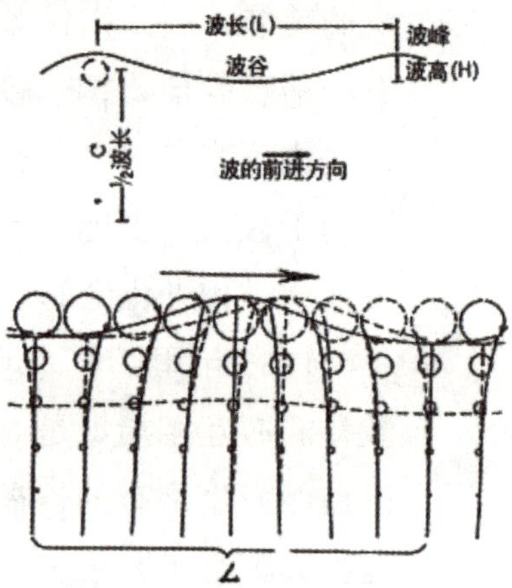

海浪运动示意图

我们还可看到，在这次海啸中，澳大利亚距离震中并不比斯里兰卡远，但未见有受到海啸带来损失的报道。澳大利亚的北边有一个比较宽的大陆架。

当然，有了宽阔的大陆架做缓冲地带，海啸的威胁可以减轻，但决不可以掉以轻心。因为缓和不等于消除。

再有，尽管地质学、地震学都已建立，但对地震、对海啸的认识仍不是完全清楚的，地震的准确预报仍不能做出，地震的机制仍在探索。像这次印尼地震的发生，是地球岩石圈上层的亚欧板块和印澳板块碰撞的结果，大家可能已耳熟能详，但板块在怎样运动，是什么力量使它运动，都仍待探索。不过这要和 250 年前欧洲人争论 1755 年里斯本大地震，是谁家触怒了上帝，从而上帝用地震来作为施加惩罚比较，我们毕竟是进步了。

要做一个有知识的人

媒体报道："英国10岁女孩在海滩大喊有海啸，挽救几百人生命"引人注目。

知识确实就是力量，这个女孩比大人更有能耐，就因为她比这些人多了一些地震海啸的知识，是老师告诉她的。这些知识在一些科普读物中也有。

书到用时方恨少，有些知识如自然科学基础知识，在追求物欲、功利主义盛行的时候，就会被问："学了有什么用呢？"的确不能立竿见影。听说在高考指挥棒的指挥下，地理、历史这些课程常被忽视，不知道现在有多少中学生乃至大学生具有地震的基本知识？然而这些知识是读了中学就应该具备的。

当然，如仅仅从这一个例子来说明掌握知识的重要，还是没有走出讲求功利的圈子。在中国，由于落后，即使是引进科学的先贤，也主要是着眼于他的实用价值，如地质学，便是搭开发矿业的便车进入中国的。因此中国最早的自己培养地质人才的机构所确定的培养目标，便明确以实用为主而以学理为辅。但由于地质学是中国学术中前所未有的内容，对中国思想界产生了重大影响，在中国精神文明的建设上，其价值实不下于在生产上的作用。

中华文化遗产中，不乏卓越的思想，曲突徙薪即其一，而获取认识自然和社会的知识与方法，就是全民从根本上曲突徙薪的基础措施。这次印尼海啸造成的灾难，应该能够帮助我们加深认识。

[附]英国10岁女孩在海滩大喊有海啸，挽救几百人生命

中广网1月1日消息　据法新社报道，英国媒体本周六报道了这样一件事：一名10岁的英国小女孩在泰国普吉岛的一个海滩上救了几百人的命。

女孩的名字叫缇丽，但英国《太阳报》用“沙滩天使”这个美丽的名字来称呼她。

那场灾难地震发生的时候，缇丽正在泰国普吉岛的一个海滩和家人度假。

小缇丽说：“上个学期，科尔尼老师告诉过我们地震是什么。他还告诉我们地震后会如何发生海啸。我当时正在海滩上，我看到了很多的泡泡，然后浪就突然打了过来。我意识到了这里将要发生海啸。我就告诉了妈妈。”

她的直觉给了海滩上的人们足够的时间疏散撤离，使几百人成功逃生。

缇丽的老师安德鲁·科尔尼告诉该报，他曾经向学生们解释过：从海水渐渐上涨到海啸袭来，这中间有10分钟时间。

并不突然的突然爆发——美国圣海伦斯火山爆发

1980年5月，沉睡了123年之久的圣海伦斯火山重新活动起来。据报道：5月18日的一次爆发，其威力要比当年投掷在广岛的原子弹大500倍，喷出火山碎屑物将近50亿立方米。5月25日又一次大爆发，火山烟云上升到12 000米的高度并持续喷发了4个多小时。从这种规模来看，也是很猛烈的。

圣海伦斯火山位于美国西北部喀斯喀特山脉中，分布在这条山脉上的火山不止一座，但多已长期不活动，山脉南端的拉森火山于1914年到1917年间多次喷发，成为罕见的现象，被辟为国家公园。圣海伦斯火山则自1857年以后便沉寂无闻，山顶上堆积起冰雪，其实多年来岩浆一直在那里的

1968 年塞罗·尼格罗火山喷发

地下蓄积力量，准备新的爆发，这一点，科学已经能够认识。

1975 年 4 月，美国出版的《地质时报》就曾报道过三位地质学家的推测：在 20 世纪末以前，圣海伦斯火山将重新活动，而且喷发将是很猛烈的，其活动方式将与公元 79 年意大利维苏威火山的爆发相似。这种类型的火山爆发，威力强大，大量火山灰被抛向高空，形成巨大的烟柱并在高空中四散开来，遮天蔽日。一些很细微的火山灰如果被喷到大气圈的平流层中，可以在那里悬浮很久，两三年不坠。但那些较粗重的火山灰渣则在喷起后随即又落回地面，它们的大量坠落，可以掩埋田园，堵塞道路，毁坏房屋。此时还常有暴雨交加，挟带火山灰渣形成洪流，危害更大。维苏威火山附近的罗马古城庞培和赫库兰尼姆，就是这样被埋葬的。火山喷出的烟云中，含有大量水蒸气，当它们被喷得很高，由于高空中的温度低，还由于这些水蒸气是带正电荷的，与悬浮在这里的带负电荷的火山灰微粒相遇，便迅速凝成了水滴，所以这

飞机观测火山口

种火山爆发常伴有暴雨。

像 1979 年维苏威火山爆发这样的火山活动中，没有或很少有液态的熔岩流出。一般是由于这里的岩浆比较黏稠，堵塞在通道中，必须蓄积很大能量才能冲出，而一旦出口突开，便是猛烈爆发。通道中的堵塞物乃至周围的岩石，被炸得粉碎，这时就很难有熔岩流出，往往是在爆发后一段时期，才从附近另外什么裂口中流出熔岩，也可能一直没有。如果地下的岩浆流动性比较强，火山通道比较畅通，岩浆较易冲出，这个火山活动就比较频繁，熔岩流出较多，而一般也就没那么猛烈了。

顺带要说一下，现在有些书刊总是在那里说，庞培城是被熔岩掩埋了的，这不是事实。如果真的是被温度高达 1000 摄氏度的熔岩掩埋，许多东西不能保持原状，而且也很难发掘，因为熔岩冷却后便成了很坚固的岩石。

这次圣海伦斯火山的喷发情景，证明了科学家的预测：果然是喷起很高的烟云，大量火山灰渣坠落，5 月 18 日、25 日两次大爆发中都降了雨。这个火山顶上的冰雪融化，更加重了洪流的威胁。遗憾的是，据报纸消息：两次大爆发都是在事前没有任何预告的情况下发生的。按照火山活动的规律，在爆发前总是会有预兆的，譬如地温升高，发生地震，逸出带硫黄味的气体等，是有可能测出的，这回已经预知圣海伦斯火山在 20 世纪内将要活动，就是一个证明，至于为什么没有能够测出爆发的准确时间，说明还有待继续研究。

真假火山辨

你知道吗？在中国古籍中，名为火山的山，大多并不是火山；真正是火山的山，却多无火山之名。

李约瑟博士在《中国科学技术史》中说中国境内根本没有火山，有的中国学者反驳说“中国境内不仅有火山，而且也有不少关于火山的历史资料”。他们说得对，中国有火山，但引以为据的8条记载，4条从古书中来的就弄错了。

中国古籍中的火山一词，是指在燃烧的山，一般为煤层自燃现象。而科学中的火山原名“volcano”，是指岩浆在这里冲出到地面。火山活动时出现的烟腾火发现象，并不是燃烧所生的烟火，而是由于喷出物的温度很高，常达到炽热的程度，所以给人以火焰纷飞的印象。那些烟雾，则是由地下喷出的水汽、火山灰渣所组成。

这些中国学者仅仅根据古籍中有“火山”这个相同字样的词，就以为是科学中的火山，这就错了。最常被引用的例子是郦道元（466或472 ~ 527）《水经注》中“漯水”这一条目下的记载，说有火山水，分东西二支，都发源于火山，书中对这个“火山”作了下面的描述：

“山上有火井，南北六七十步，广减尺许，源深不见底，炎势上升，常若微雷发响；以草爨（意烧火）之，则炎腾火发。”

郦道元记述的“火山”在现今大同市的西南，山上确实有过炎腾火发的现象，那是煤层在自燃。大同矿务局地质处工程师蔡忠信曾作过认真研究，他说：“我在这个地区工作多年，根据钻探和开采资料证明，马脊梁、窑洞、鸦儿崖、艮塘沟之间，均有煤层自燃遗迹，煤层变灰烬，顶板岩石被烧成红褐色和瓷白色。这些自燃区现在已毫无热气，说明熄灭已久。”他又说：“现在口泉南面的蛤蟆山一带的煤层仍在自燃，每逢雨雪就可以看见烟气缭绕上升。在七峰山、胡家湾一带煤层也正在自燃，走上去可以感到好像站在烧砖的窑上一样，烟气从裂缝中喷出，手、脸都会感到灼热。”

1949 年夏天笔者到过这一带，亲眼见到七峰山在冒烟。郦道元的记述是可信的，是今天的引用者误会了。

大同附近确实有火山，在现大同市的东南而不是西南，那里现在还可以看到十几座火山锥，但在古代没有一座被叫作火山，而是从它们的外形、颜色等特点而得到狼窝山、马蹄山、簸箕山、黑山之类名称。

在表面上，火山活动与煤在地下自燃有近似之处。地质学的奠基人、“水成论”（认为岩石都是在水下生成的）的提出者德国人维尔纳，便曾用煤或硫黄的燃烧来解释火山活动的发生。

但后来经过多次实地考察和对火山喷出物的精密观察和实验，确定了这些东西是来自地下深处的岩浆物质，而且在这些火山的下面总有一个将岩浆从地下输送到地面的管道。在火山停止活动，甚至它所建造的火山锥因风化剥蚀而在地面消失后，凝结在地下通道中的岩浆仍可以岩石的形态长期存在，如果去实地考察一下，不难发现火山并不是煤在地下燃烧而是另有原因。

维尔纳一生也没有见过火山，他做过地质调查的地区，的确全是水下形成的岩石，便以为别处也是这样。维尔纳的学生布赫到火山地区考察后，最后否定了老师的观点。中国有没有火山也要靠实地的考察才能确认。

如果就“火山”或“炎火之山”、“火焰山”这些名字在古书中找寻，可以找到不少。见于诗文的火山很多，还有以火山作为地名的。

《宋史》和《金史》的地理志中，有火山军、火山县。清人李兆洛（1769 ~ 1841）的《历代地理志韵编今释》，考证出宋朝火山军的治所在：“（清）保德州河曲县东北八十（里）”。并有这样的记述：

“火山，在县西五里，黄河东岸，山上有孔，以草投孔中，烟焰上发，可熟食。不生草木，上有硇砂窟，下有汽砂窟。山高四五丈。黄河过此，如遇覆釜，而流为之曲折。”

地质学家王嘉荫在《中国地质史料》中曾据此认为“可能是在宋朝喷发过，因此成立了火山军、火山县等。河曲县的火山显然比大同火山活动晚些，因交通不便，尚未被人注意”。但仍是煤层自燃，不是真正的火山。章鸿钊（1877 ~ 1951）在1924年发表的《火山》一书中说：

“现在河曲县内黄河东岸还有一火山村，这正是当时的火山地方了。但是这地方不单是现在没有火山，就在地质历史上，也还没有火山活动的征象。不过地下的煤层，常常被火焚烧，烟焰四出，相传数百年来便是这样光景，所以古来给它一个火山的名称。在它的东北，像大同的火山，岢岚的焚台山，也都是一样的。从有记载以来算起，这一带地下的焚烧已经过千数百年了。”

历史上也还有别的记载可以说明这种“火山”是一种燃烧现象。

陆游（1125 ~ 1210）根据来自火山军的居民口述，在《老学庵笔记》中记有：“火山之南，地尤枯瘠，锄镬所及，烈焰应手涌出。”这显然不是岩浆活动，而是地下的煤在燃烧。

成片的火山遗迹

山西的煤分布很广，许多埋藏也浅，从来就有多煤层自燃现象，所以关于火山的记载也特别多。

清人郁永河（字沧浪）于康熙三十六年（1697 年）游台湾北部火山区后，有“造化钟奇构，崇冈涌沸泉……五月行人少，西陲有火山”之咏。这是看了真正的火山后写的。但诗中说的西陲，是指包括新疆在内的中国西部，那里被古籍记录下来的火山，也多是煤层自燃。

“火山突兀赤亭口，火山五月火云厚。火云满山凝未开，飞鸟千里不敢来。”这是唐代诗人岑参对新疆吐鲁番火焰山的描写。这个火焰山，就是煤层自燃的结果，20 世纪 50 年代，还可以在黑夜中观察到“火焰山在茫茫的黑夜里，显露出它真正的面容。火舌在高高低低远远近近的山坡上闪烁跳动，像千百万户人家燃起的灯光”。

新疆的火焰山

新疆也确有真正的火山，而且还有活动能力，集中分布在新疆南部的西昆仑山，但在古籍中并不称为火山。

地质学不是在中国建立的，汉语中的火山本无科学的概念，是引进地质学时，借用“火山”来翻译西文中“volcano”一词。因此，古籍中有关火山的记载，不可贸然引用，应以地质考察的结果为准，如从地质上查明此地实无火山，则古籍虽有记载，亦不足信。科学是事实之学，在这里也体现出来了。

地学名词，不少是外来的，在译述它们的时候，往往借用我国已有的词汇，不仅火山是借用的，“龙”、“玉”这些词也是借用的。所以恐龙并非我国传统所称的“龙”，矿物学中的玉，也不完全等同于我国习惯所称的“玉”。

风水是怎么回事？

在大家公认的最权威的工具书《辞海》中，“风水”，被解释为“堪舆”。认为住宅基地或坟地周围的风向、水流等形势，能招致住者或葬者一家的祸福。也指相宅相墓之法。《葬书》（旧本题晋郭璞撰）载：“葬者，乘生气也。经曰，气乘风则散，界水则止，古人聚之使不散，行之使有止，故谓之风水。”

郭璞被奉为风水师的祖师爷，当然应以他的话为准。

《辞海》的编者是把当时学术界的共识，作了准确、简洁的概括。

现在一些人要给风水“平反”，主要就是针对《辞海》这个定义。他们篡改风水的原意，使用截头去尾、偷换概念等手法，将风水打扮为科学，引导人们望文生义，产生误解。

可能是学过地质学的人会产生针对风水迷信的抗体，笔者关注风水已有多年，反对风水不是迷信的说法，认为风水绝对不是什么科学。

《葬书》中的风水，不是指自然界的风和水，“气”是这个风水的核心。此气也不是科学中的空气、大气，而是一种“行乎地中，发而生乎万物”，说不清是什么东西的超自然的神秘。人体被认为是“气之聚”，“凝结者成骨”。因此，人死了要是埋在那种能聚集“生气”的地方，遗骸便能“反气内骨”，后人就能得到“鬼福”。

因此不可将风和水分开作为自然的物质来理解，它是一个自有其特定内涵的完整的词。所以在将“风水”一词翻译成西方语言时，并不含有 wind 、water 的词意，而只能音译为 fengshui。

什么是“生气”？什么地方能“聚集生气”？什么是“反

气内骨”？《葬书》没讲清楚。因此后世的风水先生或现在的大师们，可以做出不同的解释，到唐代已有了120个流派。但有一点是共同的，那就是说将先人遗骸葬在所谓风水宝地里，便可以升官发财、多子多孙。这才是风水追求的目标。将风水美化为“人类生存环境的最佳选择”，拔高为追求“人与自然的和谐”，是欺人之谈。

建筑住宅也讲风水，可以和生存环境挂上钩了，但其追求的目的仍是福、禄、寿三星高照，要找的是那种存得住“气”的场所。帝王的都城、皇宫更要求建在有“王气”、“天子气”的地方。

在当代，有人建屋买房看风水，讲究“前向秀水可聚财，后靠名山当掌权”，一样是为了升官发财。如果不讲升官发财、多子多孙，风水早在中国自然消亡了。某些专家学者却有意无意回避了这个要害问题，挖空心思地想把风水打扮为科学。比起来，他们不如风水师和宗教人士诚实。

香港的风水师自认“风水学用现代科学的眼光来看，不是一门科学”，而是“一种似是而非的唯心哲学”。风水书在港台书店里一般列在“命理”一类，与看相算命及鬼神之书摆在一起。在加拿大华人社区，风水盛行，中文电视台有专门讲风水的节目，但没有宣称自己是科学的。

中国道教协会的王成亚说得也很清楚，他认为完全从科学角度谈风水，脱离了风水的原初意义。因为在他看来，风水中有科学无法解释的超自然的一面。

风水师不承认自己讲的是科学，有他的道理。风水师吃香正是因为他讲的为建筑师所没有。

有人说，作为环境文化和环境艺术的中国风水文化，是中国传统文化的重要组成部分，不仅包含某些科学和技术的因素，而且包括有终身的价值选择和产业的道德规范。

果真是这样吗？

> 气散风冲哪可居，先生埋骨理何如？
> 日中尚未逃兵解，世人今犹信葬书。

这是明人沈周（1427 ~ 1509）咏风水的诗，诗中的先生，指的是被认为是风水祖师爷的郭璞。

晋武帝咸宁二年（276 年），郭璞出生于河东闻喜（今山西省西南部的闻喜县）一个士族官宦之家。西晋末年天下行将大乱之际，他联络亲朋好友数十家南迁，渡江后落脚在宣城郡，当了太守的参军，也就是幕僚。最后转到权臣大将军王敦帐下，还是当幕僚。晋明帝太宁二年（324 年），王敦举兵造反前，因郭璞以通晓“五行、天文、卜筮之术，能攘灾转祸”知名，王敦便要他就成败如何算一卦，回答：“无成。”王敦怀疑他与朝廷有勾结，就让他再给王敦本人还能活多久算一卦，回答：“明公起事，必祸不久。若住武昌，寿不可测。”敦大怒，问道：“卿寿几何？”曰：“命尽今日日中。”结果是王敦当天就把他杀了。郭璞死了，王敦起事后约两个月因出师不利也“愤惋而死”。表面看来，都被郭璞说中了。《晋书》中还有好几个类似的故事，用以说明郭璞如何能掐会算。在笔者看来，实际上是他的知识广博，又善于分析，所以能预测到形势的发展，而为了防祸从口出，便以占卜为名，假托神道说自己的话。结果是神机妙算的名声掩盖了他的机智和忠于国家

统一的用心，还有他的文学成就。当然，他对东晋朝廷的忠心还是得到了回报，被追赠为“弘农太守”。但编写《晋书》的史官仍以“仲尼所谓攻乎异端，斯害也已，悲夫”来表达对郭璞陷入风水占卜异端的惋惜。

后世把郭璞当成风水的祖师爷，对他个人来说，更是一种悲哀，使他不断受到正统文人的嘲讽。前面引的明代著名画家、诗人沈周的诗，就是一例。其实郭璞主要的成就还是在诗文学术方面，而《葬书》按清代纪晓岚的考证，是他人所作，假托郭璞之名。

在郭璞的《葬书》出现以前，没有风水这个词，类似的行为称为“堪舆”，最早见于褚少孙给《史记》作的补注。他听到别人说过，汉武帝为了确定娶妇的日期，召集占卜各流派人士咨询。堪舆这一家也参与了，但最后并未采纳堪舆家的意见。

由此可知，堪舆是占卜一类中的一家，三教九流中地位低下的一个不重要的流派，能够拉个郭璞来做祖师爷也不错了。

在正统儒家的眼里，属于怪力乱神的风水一直是没有地位的（朱熹是个例外），不用等到科学来否定，历代都有人在批驳、嘲笑风水。

康熙年间成书的《古今图书集成》中，收录有许多有关风水的资料，编在《博物汇编》艺术典内的堪舆部中。堪舆部的艺文收录了8种著作，除一篇外，全有批判风水的内容，应该也反映了康熙在这个问题上的态度。

当然这些对风水的批判，主要是从礼教的要求出发的，未能从根本上解决问题，但这足以说明：什么“风水文化是中国传统文化的重要组成部分”、“中国的风水文化博大精深、源远流长”，是不符合历史真实的误导。

《儒林外史》的作者吴敬梓，在第44回“汤总镇成功归故乡　余明经把酒问葬事”和第45回“敦友谊代兄受过讲堪舆回家葬亲”中有对风水与风水师的批判和辛辣讽刺。反映了民间出现的实际问题，通俗易懂。这里摘录一段迟衡山与余大先生的对话，以见一斑，这也是吴敬梓对风水的看法。

余大先生道：“请问二位先生，这郭璞之说，是怎么个源流？”

迟衡山叹道：“自冢人墓地之官不设，族葬之法不行，士君子惑于龙穴、风水之说，自心里要想发达，不知已堕于大逆不道。”

余大先生惊道：“怎生便是大逆不道？”

迟衡山道：“小弟最恨而今术士托于郭璞之说，动辄便说：‘这地可发鼎甲，可出状元。’请教先生：状元官号始于唐朝，郭璞晋人，何得知唐有此等官号，就先立一法，说是个甚么样的地就出这一件东西？这可笑的紧！若说古人封拜都在地理上看得出来，试问淮阴葬母，行营高敞地，而淮阴王侯之贵，不免三族之诛，这地是凶是吉？”

在民间，挖苦、嘲笑风水的“四言八句”、打油诗、故事、笑话也很多。

如下面这首讽刺风水先生的诗，流传很广。

风水先生惯说空，指南指北指西东。
山中果有福兴地，何不择其葬乃翁。

在鲁迅先生的《且介亭杂文二集·“题未定”草（五）》中引用一个笑话：

“江浙人相信风水，富翁往往预先寻葬地；乡下人知道一个故事：有风水先生给人寻好了坟穴，起誓道，‘您百年之后，安葬下去，如果到第三代不发，请打我的嘴巴！’”

引录这些材料，是说明民间虽然有许多人信风水，但阴阳先生也就是以看风水为职业的人，地位并不高。

在笔者的家乡，对阴阳先生通常是就其姓而称之为“某阴阳”，略去先生二字，反映了人们对这种职业看不起。这也难怪，同一块地，10 个阴阳就有 10 种说法，有些人明显是在诈骗钱财，何能取信于人？

风水怎么就成了科学呢？且从下面几个例子说起。

1. 周公建洛邑用风水选址

《尚书·周书·洛诰》记有周公为洛邑选址的经过，被一些人作为风水在古代城市选址中发挥了重要作用的例证。有一幅《太保相宅图》更作了形象的表现：太保受周公的委托，带领着几个人在现场勘察，一个架子上放着罗盘。这幅图经李约瑟引用后，被中外的风水研究者多次采用。然而如王廷相所言：“地理风水之术，三代以上原无是论。”《周礼》中规定是不准个人四处去找墓地，而是按照等级秩序，在规定的墓园里安葬（先王之葬居中，以昭穆为左右。凡诸侯居左右以前，卿、大夫、士居后，各以其族），有何风水可言。

《洛诰》记述的是先选出三个候选地，再用占卜确定，这三个候选地是怎样勘察的，根本没有提。

经多位学者研究，认为是指寻求土肥水美，可以得到珍美之食的地方。从事农耕多年的周人，有这方面的经验。他们的祖先就是从土质和植物生长状况，判断出岐山下的土地肥沃，于是在这里定居下来。这里没有神秘的考量，但是那些想美化风水为科学的人，竟可以都拿来说成是风水的应用。

那幅传播很广的《太保相宅图》，李约瑟本注明采自《钦定书经图说》，“使用罗盘的事被绘入周代文字的插图中，当然是一种年代学上的错误”。可是在台湾《大地地理杂志》（1990 年 5 月号）和英文《中国日报》（1992 年 4 月 29 日）发表这幅图时，李约瑟的注释没有了。给人以风水在那时就已大行其道的印象。

约在 15 年前，笔者在北京图书馆（现为国家图书馆）查到了《钦定书经图说》，原来是光绪二十六年（1900 年）二月孙家鼐等奉慈禧太后之命，为初学者编的图解读本，光绪三十一年（1905 年）用连史纸石印发给各学堂。这怎能作为周人在用风水选城址的证据呢！然而那些美化风水为科学的人，可以反复以此为例，甚至把《管子》中总结的城市选址的经验也归入风水，真是从何说起。

中国的先民在寻求住所时，自然要求能找到适于生活的环境。北京猿人已知道找近水的山洞居住。据徐炳昶先生研究，旧石器时代的居民点多建在河流的阶地上。新石器时代知道取用地下水了，在远离河道有井或泉的地方便也有了居民。到春秋战国时期，更积累了大量经验。成书于 2 000 多年前的《管子》一书，有了这样的概括：“凡立国都，非于大山之下，必于广川之上。高勿近旱，而水用足；下勿近水，而沟防省。”

《管子》还提出，要治理好国家，必须先了解国情，这个国情中有一项是“水土之性”。什么是水土之性呢？用今天的科学语言来表达，就是地质环境的特征。

2. 诸葛八卦村

据当地旅游材料介绍，浙江兰溪的“诸葛八卦村”是诸葛亮二十七世孙诸葛大师于公元1340年前后营建，具有别处没有的“九宫八卦布局”。村子的中心也是九宫八卦图式的中心，有一个钟池，一半水塘一半陆地，形如太极图，是“八卦阵的阵眼”，因钟池的两半形状似鱼，便又有了“太极阴阳鱼”之名。八条弄堂自此向四周辐射，使村中所有的民居归入坎、艮、震、巽、离、坤、兑、乾八个部位，组成八阵图式。

据参观的××网记者描述，位于村中的是“内八卦”，现又从这个村落处于八座小山环抱之中的形势，看出了还有外八卦，形似八卦的八个方位。诸葛八卦村常被有的人引用来作为证明风水是科学的例证，说：堪舆学之内核实是中国古建筑理论之精华，是集地质学、生态学、景观学、建筑学、美学于一体的古建筑设计理论；强调大自然伟力直接影响着人们健康与后裔繁衍，使聚居于该地的人们光前裕后，获得世代平安；并强调要继承阴阳、五行、八卦等易学基本原理在风水术方面的应用。

但是，人们最近得知这里并非如此。2002年3月22日《人民日报·华东新闻》第一版发表记者陶锋写的《诸葛村之惑》就有说明。其中引述村里长者诸葛达的介绍，村子面积较大，因地形复杂，巷道纵横，建筑高大遮蔽视线，外人到此确实容易迷路。

所谓“八条弄堂自此向四周辐射的”，实际是九条。

另据了解，“八卦说”实乃某年有一位有身份的人到此考察后灵光一现的“创意”，虽然与实不合、于史无据，却因有这“指示”，便成了神秘的古迹。八卦村也几乎成了诸葛村的代名词。那个“八卦阵的阵眼”，是有关单位在20世纪90年代中改建的，给有几百年历史的钟池上，加上个鱼形的水泥盖子，便成了“太极阴阳鱼”。

但诸葛村确实地理环境良好，并保存有一批很有特色、元代就有了的民居。研究民居多年的清华大学建筑系陈志华教授发现了它的价值，推动诸葛村成为国家级重点文物保护单位。经过长期考察研究，他与楼庆西、李秋香合作，出版了《诸葛村乡土建筑》（1996 年），他们认为，诸葛村“可樵”、“可渔”、“可耕”、“可易”（靠市镇近，交易方便）的地理环境，应该是诸葛大师迁居到这里来的前提条件。当然那时的人们是重视风水的，诸葛村的地形也很符合堪舆家的理想模式。对于风水的作用，他们是这样认识的：

《高隆诸葛氏宗谱》里非常乐于把宗族的兴旺归因于当地的风水。这是因为，在一个农业社会里，宗族的团结是宗族生存发展的重要条件，而要造成宗族成员的认同归属之感，必须也培养他们对土地的依赖和眷恋之感。培养人们对土地的感情，最有效的方法之一是依靠迷信，风水就是适合这种需要的一种自然崇拜，一种万灵论的拜物教。风水术认为自然地形、地貌和地物能决定生活在这地理环境里的人和他们的后代的吉凶祸福。把风水与祖先的阴阳宅联系起来，自然崇拜与祖先崇拜结合，风水就成了团结宗族的有利因素（诸葛村的选址与格局）。

3. 龙脉

龙脉在风水的理论与实践中都占有重要位置。龙、穴、砂、水，号称风水的四大纲目。这个“龙”是从以地面突起部分的形态附会传说中的龙而来的，风水师将所有山脉都称为龙，习称龙脉。他们把最高的山当成众山之祖，称为“太祖山”，据说山脉是从那里“发脉”，由此延向低处，再出现的高峰，称之为“列祖山”、“少祖山”等，是“长幼有序”了。还以为中国范围内的地域就是天下，按神话传说昆仑山最高，便以为一切山脉都是从昆仑山“发脉”，分出“三条‘干龙’，每条‘干龙’上又分有各种等级的‘支龙’、‘小龙’……”。

20世纪初，四川有个经学家在《地学问答》（1915年）中就发表过这样的论述：“少昊西帝也，而曲阜为少昊之墟。今有少昊陵去孔墓不远。孔子素王，素统亦在西方，古说有此踪迹。予则以泰山从海底过脉，当从美洲而来。美在昆仑之西，应属少昊，从西潜行到东，中土江河夹其左右，东西合并，乃笃生至圣。”用以说明出生在“少昊之墟”即曲阜的孔子，成为圣人是得天地之灵秀。这里面似乎有了一点新的地学知识，还知道有个美洲，但美洲大陆和欧亚大陆是地球岩石圈中被巨大断裂分割开来的块体，中间还隔有一个巨大的太平洋板块，哪里有什么“海底过脉”！

近人中有的人按照“‘龙脉’是‘生气’滞留或保存的场所”将龙脉解释为“不单是蜿蜒起伏的山势，而是忽隐忽现、可以追踪的脉络。这种脉络往往是指一种连续出露的青色或黑色的石头。”对“龙脉突然中断，在风水原则中不是个好兆头，它也就是‘走了风水’这样的地方，不吉利”。用现代科学

知识解读为："龙脉断裂的地方往往是断裂线、断层线所在的地方，或者是两种地质区域的接触带，这样的地方往往多漏水层、多火山、多地震，是地表不稳定的区域，是隐患潜伏的地区。"得出结论，在风水迷信的外衣里包含着科学的内容。讲的某些现象是有的，但从所作解读来看，也帮不了风水成为科学的忙。譬如在"龙脉突然中断"也就是有断层的地带，并不一定对人不利。相反由于有断层截过，地下水能由此涌出，提供水源，成为人们聚居的场所。济南多名泉，即得断层之赐。而地壳中的断层多矣，但绝大部分已不活动，并不对人造成威胁。他那个"脉络"是什么，也说不清楚，如欲了解地下情况，现有多种科学手段可以探测，又何必去从风水那里去解读天书？

由于受到这种影响，到民国初年出版的地图上，还把山画成毛毛虫样，连起来就是山脉。中国的山脉发源于葱岭，燕山"来自"昆仑山……之类荒谬说法，到 20 世纪 30 年代还存在。地质地理学家丁文江、翁文灏、曾世英于 1930 年开始编制的《中华民国新地图》，使用等高线分层设色表示地形，在 1933 年出版后，结束了中国地图中画龙脉的这段历史。

现在我们知道，山脉是地球岩石圈中的板块运动使地壳一些部位受到挤压隆起而形成。不同构造体系的山脉，各有其自己的历史，而且也不能根据它现在的高低来确定谁的资格更老。因为在一般的情况下，恰恰相反，山的形成时间越早受到风化剥蚀的时间越长，失去的高度越多，最后可以被夷平。所以现在喜马拉雅山的高度是泰山的五倍多，但年龄比泰山要年轻十几亿年，泰山崛起时，喜马拉雅山地区还是一片汪洋。

风水是三教九流中一个行帮，自有行话，解释权由他们这些“高人”来掌握，常人难以了解其中奥妙，只能听风水师的。

风水不是不可以研究，而且也应该研究，但是，正如清华大学建筑系陈志华教授所说：“我们搞乡土建筑，对风水进行科学的分析，是为了解释中国传统建筑上的一些现象，如天坛为什么上面是圆的，底下是方的？故宫的水为什么从西北进，从东南出？这些在风水里都能找到说法。我们研究风水，是当成一种历史现象，而不是当成科学来研究的。”

所谓“风水”中的科学性，早就有了地质、地理、结构、采光、通风、构图、布局等现代技术与审美学科的知识，这种‘负阴抱阳’的老掉牙习俗，如果无害，倒也罢了，问题在于，风水往往严重地扭曲审美，风水盛行则绞杀了建筑的个性、干预建筑纯正语言的运用。讲究风水就好比一个跑百米的女孩穿旗袍，为了提高她的百米速度，只好将旗袍的开衩开到胳肢窝里去了，倒不如把旗袍扔掉，一身短衫的现代装扮。

建筑学家王贵祥先生说：“事实上，建筑风水与风水术，是中国古代诸多的巫术观念在建筑领域中的一种延伸，是古代中国人与超自然力之间的一种交往沟通的形式，是带有宗教巫术色彩的。在西方，人们有宗教，可以到教堂去祷告。而对中国老百姓而言，要对超自然进行解释，就往往求助于建筑风水。

建筑风水学可分为两派：形势派和理气派。前者关注建筑空间，如山形水貌，藏风纳气，用现代建筑学阐释仍然有一定合理性；而理气说则有明显的方术色彩。

笔者赞成两位先生的观点，而从地质学的角度来看，风水无可取之处，无法通过科学理论与实践的检验。因此香港、台湾虽然风水很热，但学术界没有承认其为科学的，大学里没有风水课。

据媒体报道，“目前在中国内地，除取名外，风水业还未能获得合法身份。经营者在工商税务机关办理营业执照时，通常采用两种策略：一种是以取名公司的名义，在实际运作过程中超出经营范围从事风水活动；另一种就是注册为文化交流有限公司或类似的名字，以房产信息咨询等名义进行风水活动。”

现在有些西方人对中国的风水也感兴趣。笔者以为由于中国的经济迅速发展，国际地位提高，许多人对中国文化感兴趣了，但我们向外面提供了什么东西呢？带有神秘感的风水适应了西方人好奇和安抚由于世界性的天灾人祸、忐忑不安的心理需要。需要指出的是，这些风水的许多内容并不是中国原来意义的风水，而不过是将现代的知识与生活经验，附会上古老的风水。如：“现在汽车多了，加油站也多了，加油站旁边最好不要住。因为油里面含有大量的有害物质。另外加油站旁边的车辆停泊和启动噪音非常大，噪音也是风水学上的煞气。”

风水是阻碍发展和进步的因素，是有历史事实的。一个著名的事例是张之洞兴建的汉阳钢铁厂需要开采萍乡的煤矿，遇到的阻力就是风水。当时中国没有自己的地质人才，只好请洋人去探矿，萍乡的童生们以反洋人为由，集合起来闹事，发出揭贴（也就是传单），号召人们：“洋人一到，各家出一丁人，执一械，巷遇则巷打，乡过则乡屠，一切护从通事之人皆在手刃必加之列。”他们为什么要这样干，是因为“萍邑迭起科名，素称富庶，皆由山川之精华既固，都邑之脉气未伤”，怕开矿破坏了风水。

这场风波经地方官软硬兼施算是平息下去了，但也可见寻求发展的困难。难怪曾纪泽要说：“吾华开矿较西人为难者，厥有二端：一曰股本难集，二曰风水难避。”

据《经济参考报》报道，目前在北京、上海，尤其是广州、深圳等沿海城市，请风水学研究人士以“地理顾问”的身份“看风水”，已渐成地产项目设计、店铺选址、租房买房中的一个重要环节，但一般不大张旗鼓，而是通过“小圈子”请他们来相地，这种现象在商人、富人中尤其普遍。位于大兴的一家楼盘的总经理说：“据我们的经验，10 个买别墅的人有 8 个以上要看看风水好不好。”能买得起别墅的，当然是有钱人。

事实上，从来就是有权有钱的特权阶层才能讲究风水。而风水也成了特权者享有特权的“命理”依据。

在风水术的传播者或者研究者们看来，风水有术，但却不可理喻，而重在领悟。武汉大学王析先生说，英国传教士麦高温 1909 年在上海出版的《中国人生活的明与暗》一书中尚能看到风水“比其他力量更加阻止了中国的发展和进步”，今天鼓吹风水是科学的这些人，还不如这个外国传教士的见识。

复旦大学文博系主任、同济大学建筑学博士蔡达峰教授指出：“古代的风水术早已失传，现今所谓的风水与古代风水术在内容上已有很大差别。眼下一些书中所引用的古籍，有的连标点都断错了，显然是作者连引文都没有读懂，其著作的学术性、科学性也就可想而知了。”他认为在现代社会中，风水术的运用已成为一种商业行为。对于风水术，究竟需要如何引导，值得好好思考。风水作为一个研究对象，从民俗学及建筑学的角度均有研究的价值。但从商业角度来利用，为获取经济利益而加以宣扬是不负责任的。

在风水与科学之间，泾渭分明，不容混淆。当然也不是说不可以研究，在风水积累的材料中，用科学去审视，也可能发现有用的材料，不过要是去掉其迷信部分，像剩下盖房子最好坐北这类常识，风水还能卖几个钱呢?

北京有媒体报道，一般情况下，“地理顾问”的实地勘测报价一般为每平方米 100 元人民币，甚至更高。据介绍，港台一些人在购房子上所花的费用，看风水占了 50%，甚至更高。香港公开营业的风水专家不下数十个，每次咨询费高者达上万港币。香港有些大富豪，多和风水结缘。上海浦东一座著名的建筑，当时付出的咨询费用是 5 000 万。据说这是目前“国内最高的一笔风水咨询费用”。

当前出现的“风水热”已经妨碍了正常的建设和经营，增加建筑成本。最让人忧虑的是把风水打扮成科学，为风水摇旗呐喊，不仅败坏了学风，其产生的多方面的负面影响更是严重的。因为风水本为占卜的一种，作为其核心的“气”，也是中国看相算命等迷信活动的理论支柱，它们是相通的，因此，许多迷信都可以在风水之名下传播，给风水披上科学的外衣，更使它能合法地扩散迷信，起到蛊惑人心的作用。需要注意的是，从风水的角度看来，给个人建宅、修墓看风水，只不过是它的低级应用。它们的“伟大”作用还在于为帝王师，现在谈风水的也有以此分析预测国家大事的，如台海何时开战、天安门广场的风水与国运之类。如听任其发展，难保不起搅乱人心的作用。

一场闹剧——青海发现“外星人遗址”

根据地质专家从各方面了解到的实际情况看，曾经盛传的青海“外星人遗址”只是普通的地质现象，此前的一些传闻实属炒作。

据《文汇报》报道，位于青海德令哈市白公山下的“外星人遗址”，因为一些“神秘管状物”而传得神乎其神，从某地方媒体开始报道后，各地媒体尤其是新闻网站大肆转载。曾经对该“遗址”进行实地考察的中国地震局地质研究所郑剑东教授明确指出，这只是西北地层中一种常见的地质现象。

2004 年 4 月，郑剑东与中科院等机构的 5 位专家，在托素湖畔白公山脚探察了十余天， 认为“神秘管状物”的出现不外乎四种可能：其一是因植物埋葬而形成的化石；其二是砂岩层沉积而成；其三是一种岩浆后期的低温热液作用所致；最后也不排除人工钻凿的可能。总之，说成“外星人遗址”则毫无根据。

据了解，“外星人遗址”是由两名青海作家在 6 年前的一次采风时发现，并通过文学手法贯以此称号的。当时就一度闹得沸沸扬扬。郑剑东的一些同事当时就表示了对“遗址”的不屑，“我们都到过，没什么了不起的。”这些专家们还表示，这样的科考发现在他们的科考生涯里，“连奇特都谈不上”。

笔者看后，只觉得这青海的“外星人遗址”，似曾相识。想了一阵想起来了。那是在大约 20 年前，宁夏地质局中心实验室主任徐国相先生来信，说收到甘肃一位地质队的同行寄去的一篇稿，是他去青海对所谓“外星人遗迹”现场调查后写的。

这些“外星人遗迹”也是因为在地层中发现了管状物，表面看来还有点像金属管。有人说这是飞碟降落时撑开的支架遗留。消息传开来，被一家杂志看中，他们希望这位地质学家去考察，为他们写篇文章。

学地质的人终究是实事求是的，结果做出了否定这是“外星人遗迹”的结论，显然与编辑部的愿望相反，这样煞风景的文章，也只能锁在抽屉里了。于是他把稿子寄给徐国相，请他找地方发表。笔者收到后当即转《中国青年报·长知识》副刊，编辑赵之先生得到后，马上就发出了。也亏他发得快，因为没过几天，又收到信，说是当初去调查，是那家杂志出的钱，细一想这样拿到别处去发，怕是不妥。但已来不及。

这篇文章见报后，青海发现“外星人遗迹”就没人再提了。没想到现在又闹起来，看来还是那些东西，地层中的管状物。笔者记得甘肃那位地质学家的调查还多一条根据，就是那管状物在上下地层中都有，而这些地层的时间差是几万、几十万、几百万年，同一个飞行器的支架能够分散留存在其中吗？这些管状物经过化验，也不是金属构成的。

风化地貌

笔者感到很奇怪，有些事情，如外星人来过地球，金字塔是外星人所造，地球曾经毁灭过，现在又在某年某月某日要毁灭，存在什么超级史前文明，植物有感情，用八卦发现了第十大行星或者白日见鬼之类，不少科普作家早就多次揭露批驳过，但好像没什么作用。有些人道听途说，听见风就是雨，于是乎外星人光临泰山了，外星人的尸体留在唐古拉山了，现在又是在青海留下遗迹。为什么有些用常识就可判断的错误也分不清是非？显然，某些作家的渲染，加上媒体的推波助澜，其社会影响力是很大的。不过也不能全怪他（她）们，有些事既然明明是错了，你，科学家为什么不出来说话呢？既然是常识性的错误，你，受众为什么要相信呢？想到这里，有时不免有点悲哀。但笔者相信，科学的声音在中国，不会总是很微弱的。

浮躁酿恶果
——透视杭州宝石山“挖宝”事件

事件始末

2005年9月1日，多家媒体转发了《文汇报》驻浙记者万润龙发出的报道《一教授称杭州宝石山有宝石招致上千人凿山寻“宝”》。

报道说：一周以来，“成百上千的杭州市民和游客随带榔头、凿子、老虎钳等工具，来到西湖新十景之一的‘宝石流霞’宝石山上凿石寻宝。尽管岳庙管理处的30多位干部员工以及宝石山管理办、北山派出所派员上山阻拦，但这方圆2 000多亩的山体石峰防不胜防，管不胜管。短短几天时间，宝石前山的许多石峰及寿星石、宝石流霞、馒头山和蛤蟆峰等主要景点已被挖得千疮百孔。”

起因是8月23日的《杭州日报》刊出了一则新闻：《宝石山上真有宝石》。称：

……一个“振奋人心的消息”，在经西湖博物馆采集岩石标本的过程中，发现了“嵌在岩壁上小到核桃、大到拳头的赭红色小石块‘碧玉’”……说，这为考察杭州的地质演变与地质构造提供了重要的科学依据，还极大地提高了宝石山的旅游观赏价值。

当天杭州的电视新闻、网络新闻等又将这则消息反复爆炒，于是就出现了上面的混乱场面。

《杭州日报》算是尚能赶快补过，8 月 27 日在一版显著位置再登一则《宝石山上的“宝石”不能随便挖》的消息，还是以专家的口称“宝石山上的‘宝石’既无欣赏价值更无经济价值”，并配发了短评《弄错啦》，杭州的其他媒体也同声谴责那些上山挖“宝”的市民。岳庙管理处和公安部门加派人手在山上巡逻管理，但每天依然有市民上山挖“宝”不止。

新华社转发了这篇报道，并加了个标题：“哗众取宠引出恶果。”

就是哗众取宠

新华社转发时使用的标题“哗众取宠引出恶果”是恰当的。

因为在宝石山上的岩石中有碧玉这种矿物，早就为人所认识，不是这次采集标本时才被发现的。

《文汇报》的报道说：早在 2001 年 12 月 1 日，本报就发出过《一批地质学家考察作出结论：西湖原是火山口》的独家新闻。那是指“火山口”，对于宝石山上的岩石中含有碧玉，笔者清楚记得，在更早的时候就已被认识了，手头没有资料，但现在网上的资料日益丰富，一搜索，居然在杭州市地方志编纂委员会 1995 年编成、中华书局出版的《杭州市志》中就找到了一条：

1950 年以后，地质部门对西湖湖中三岛和湖滨公园地质钻孔取样分析，认为距今一亿五千万年的晚侏罗纪时，以今湖滨公园一带为中心，曾发生过一次强烈的火山爆发，宝石山和西湖湖底（大部分）堆积下大量火山岩块，由此，曾出现火山口陷落，造成马蹄形核心低洼积水，即西湖雏形。1979 年，地质工作者对湖滨两个钻孔采取的岩样作微体古生物分析后著文认为，根据不同化石的组合，西湖在全新世时期的发育可划分为早期湖、中期海湾、晚期湖三个阶段，随着钱塘江沙坎的发育，西湖终于完全封闭，水体逐渐淡化，形成现在的西湖。（《中国杭州·杭州市志》）

夏树芳先生在 1987 年写的科普读物《地质旅行》所附地质旅行实例中，有西湖地区的路线，也说了：“沿葛岭、宝石山至孤山一线，可以观察火山碎屑岩地层，了解晚侏罗纪浙江火山活动之一二。也可注意‘宝石’（火山岩中的碧玉）的由来以及寿星石、石屏风、正川洞、紫云洞等名胜与火山岩地貌的关系。”这本书已有网络版，在杭州少年科学院的网站中就有。

笔者还查到，上海同济大学地下建筑工程系编的《杭州实习区山水地貌》这部分，对宝石山有“宝石”也有明确的解释：“宝石山”，赭色“宝石”，比比皆是，造型各异，大小不等，闪闪发光，逗人喜爱，故由此得名宝石山。“宝石”系碧玉，主要成分是二氧化硅，属酸性火山喷发的产物。实际上就是火山喷射出的以二氧化硅成分为主的岩浆粗大碎屑，并被岩浆中氧化铁染成红色。（《杭州实习区山水地貌》/ 同济大学地下建筑工程系）

这本书的地层部分，在侏罗纪（J）的介绍中也有：“上统黄尖组上段（J33h），厚 630 米以上。为一套酸、中酸性火山碎屑岩系，其层位相当于黄尖组上部第三段。下部亚段厚 176 米以上，自下而上为流纹英安质灰绿色角砾凝灰岩、灰紫色熔结灰岩，灰、灰绿色沉凝灰岩夹凝灰质粉沙岩。中部亚段厚约 100 米，自下而上为灰紫、紫红色流纹英安质玻屑凝灰岩、熔结凝灰岩、凝灰质粉沙岩夹黄绿色沉凝灰岩。上部亚段厚度大于 354 米，依次为紫灰、紫红色流纹质玻屑晶屑熔结凝灰岩；含角砾及少量碧玉团块熔结凝灰岩、玻屑熔结凝灰岩、含大量碧玉团块熔结凝灰岩。各亚段的岩性序列分别代表火山喷发的一个小旋回。与下伏地层不整合接触。栖霞岭、葛岭、宝石山、孤山一带有出露。”

引这么多，是为了证明这次“发现”，是已经纳入教学和科普的知识，说不上是一个“振奋人心的消息”。

遗憾和教训

9 月 1 日，负责管理宝石山园林文物的岳庙管理处党委书记周岳云在接受《文汇报》记者采访时说：“近年来，杭州市委、市政府花大力气实施西湖综合整治工程，光宝石山的基础设施、灯光布局和林相调整就花了近 5 000 万元，新西湖因此变得更加美丽。想不到居然还有那么多的市民和游客一点不珍惜这来之不易的成果，给宝石山和西湖带来的是难以弥补的破坏。”

周岳云还表示，他感到难以理解的是，一两位学者的一己之见，况且根本没有经过权威部门的认定，就随随便便地“透露”给媒体，而媒体也有闻照登，造成了如此严重的恶果。这笔账都不知向谁算？说得很有道理，切中时弊。不过这并非是他们有什么“一己之见”，而是早就有人讲了，是有的少年儿童也知道的知识。如此渲染只能说是哗众取宠。

不过有关人士看来也不知道以前已有人讲过，也许并非有意哗众取宠。但通过以上事实，至少可以看出存在下面这些问题。

1. 从事科技新闻报道人员的自然科学基础知识贫乏，特别是缺少科学精神。

2. 高校师资水平有待提高，学术领域必须清除浮躁之风。

3. 公众的科学素养欠缺，科普工作仍很薄弱，必须加强。因为如果有关人等，其中有一位看过夏树芳写的科普读物，或了解有关的知识，就不应如此宣传了。

如果确实不知道，那在发报道以前，能查一查有关材料也可以避免错误的发生。须知一项科学发现的宣布，不是个人随便一说就能成立的。

在地质学中，一个正确认识的建立，大多不是一次就能确认，需要经过反复考察研究，后来的发现，总是在前人积累的基础上得到的。因此，一般在论文的开篇，都要明确哪些是前人已经做了的，哪些是自己取得的成果。怎么报道，考验着是否具有实事求是的科学精神，而这正是现在某些媒体工作者所缺少的。

从这次《宝石山上真有宝石》的误导来看，表明某些从事科技新闻报道的人，在自然科学知识方面的欠缺。但这是可以补救的，如果通过这些教训，按照工作的需要，对相关的科学知识深入学习，接受科学方法的基本训练，还是可以做得很好的。有的人还采取在职或用全时再读一个学位，当然更是扎实。而无论是自学或补课，都得下一番工夫，从打基础做起。马克思说：“在科学上没有平坦的大道，只有不畏劳苦，沿着陡峭山路攀登的人，才有希望到达光辉的顶点。”这对做好科技新闻报道来说，也是适用的。

有的“科学文化人”与此相反，散布什么只要学了他们那个科学史、科学哲学、科学社会学，没有受过具体科学训练的人也可以成为一个优秀的科学传播工作者，掌握或比较熟悉某一门具体的科学知识并不很重要。他们也许是为了吸引人来学，迎合一些人害怕学自然科学艰苦的心态，或者真的是奉行他们的理念，不管出于何种目的，实是欺人之谈。

人类的教育实践已经证明，不对自然科学本身认真学习，打好基础，仅仅去学那些上层的课程，犹如建楼房只要顶层，那是不可能的。

这个宝石山事件，固然产生了不良影响，但如能正确认识，从中可以学到的东西也不少，如不以为意，这类事件则还会以别的形式出现。

为科学辩诬

产业革命以前，环境即在被人破坏

环境恶化，战争残酷，能源浪费……悉为人所为，这些问题在产业革命以前，早就存在，不应该归咎于科学。

“六王毕，四海一；蜀山兀，阿房出”，固非虚语。历代皇帝、王公贵族、官僚豪门，兴建宫室、衙舍、府邸，需要大量良材；烧饭取暖等生活所需，更每日都在消耗不论好歹的各种草木。

人类建立农耕社会，砍伐森林建筑居所和作为能源，烧去天然植被，开拓为农田，刀耕火种，开始了第一轮对环境的大破坏，首当其冲的是森林草原，是那些古文明的发祥地。

在欧洲，希腊的森林消灭得最早。希腊人不重宫室，但大修神庙，文明肇始，山林亦罄。且不仅希腊，以高大坚硬闻名于世的黎巴嫩雪松，从巴比伦时代开始就被砍伐运送到各地。公元2世纪初，罗马皇帝在黎巴嫩山竖起100多块石碑，宣布这里的森林为帝国所有，但仍未能保住这些残余的雪松，现在只能在《圣经》这样的典籍和传说中去寻找名噪一时的雪松了。

烧荒垦地近年来还在世界上一些地区屡有发生，此等行为均无须科学，不晓其后果而盲目为之，正又因不懂科学之故。

孕育过世界上最古老文明的幼发拉底河和底格里斯河三角洲，土地肥沃，公元前2200年左右，这里就已出现了繁荣的巴比伦帝国。尽管那时生产技能低下，粮食亩产也曾达到300斤，然而繁荣不到千年就衰落下来，直至变成一片荒芜的盐碱地。

在未有现代科学技术以前，人类简单的耕种、放牧活动，已在使地球上的环境恶化。时至今日，荒漠化速度最快、规模最大的地区是非洲。在过去的几十年中，撒哈拉沙漠的流沙一年要侵蚀周边的农田160万公顷以上，主要是过度开垦和放牧之故。

防治环境恶化还得靠科学

据说，约在公元前13世纪，流浪到埃及的犹太人，在历尽艰辛，来到地中海和与海岸大致平行的山脉之间狭长低平的地带，即巴勒斯坦定居。当时这里是“牛乳和蜜糖充溢之地”，而作家房龙在1932年写出的《世界地理》告诉我们：“近代往巴勒斯坦去旅行的，很少看到牛乳了，而蜜蜂也因为缺少充足的花卉，早就消灭了。”特别重要的是，房龙指出，出现这种情况，并非由于自然原因，而是由于战争、水利灌溉设施屡受破坏所致。

我国新疆的楼兰古城所在的绿洲，曾因开垦而繁荣，成为丝绸之路上的一座重镇，但它仅维持了数百年的繁荣，大约在公元4世纪期间废弃。今天这里是一片残破而凄凉的荒漠，历史研究资料的结果表明，是楼兰人盲目乱砍滥伐，盲目开垦所致。

以上种种，都不是因为有科学，而是因为无科学，才使环境恶化。在环境恶化以后，还得靠科学来改善和维护。伦敦雾的故事就是最能说明问题的一个实例。由于工业革命的兴起，欧洲的环境最先受到严重的污染，伦敦雾即是其标志。1952 年 12 月 4 日至 11 日出现的大雾，使白昼如昏夜，汽车只能开着车灯艰难地爬行，警察不得不手持火把在街上执勤。烟雾还钻进室内，Sadler's Wells 剧院正在上演的歌剧《茶花女》由于观众看不见舞台而被迫中止。电影院里的观众也看不到银幕。患呼吸道疾病的人激增，这期间死亡人数比平时高出 4 000 多人。这次事件震惊了世界，也唤醒了人们的环保意识。经过治理，1975 年，伦敦的雾日由每年几十天减少到了 15 天，1980 年降到 5 天。现在，慕雾都之名而来的人们可能会失望，只有偶尔在冬季或初春寂静的早晨才能看到一层薄薄的白色雾霭，工业时代那棕黄色的伦敦雾已经成为过去。阳光驱散薄雾后，公

被破坏的耕地

沙侵田

园里绿草如茵，空气清明，让人难以想象当年迷离晦暗的雾中情景。而烟雾灾害也将继续留在记忆中提醒伦敦市民，污染并不是我们为获得财富所必须支付的代价。

刀枪弓箭也能杀人百万

战争完全是一种人类的行为，与科学技术无关。或以为科学和技术发达使战争变得更残酷，也是一种误解或有意误导。

在马非百著的《秦集史》中编有一“首功表”，实际上也是一部战争中杀人的记录，现简化录载于后。

以下合计斩首 160 余万，许多较小的战事和秦王政十三年以后的战争，没有斩首数字的记录。而秦王政灭六国都是使用武力，尤以灭楚的战争时间长，规模很大，秦军还打过败仗，俗话说：杀人三千，自伤八百。在这统一六国的最后阶段，杀人不会少。

“首功表”说的是军人阵亡的数字，实际上一场战争下来，平民被杀的更多，这在后来三国时期留下的记载中，就可以明显地看出。在汉桓帝永寿三年，即公元 157 年，中国全国还有 1 067 万多户，5 648 万多人。而到三国鼎峙之时，时间仅过去几十年，魏、蜀、吴三国总共也只有 147 万多户，767 万多人，比今天北京市的人口还要少得多，人口锐减将近 90%！原因主要是因为打仗。

《秦集史》——“首功表”

年　代	对　方	战场所在地	秦军斩首数目
前 364 秦献公二十一年	晋	石门	60 000
前 354 秦孝公八年	魏	元里	7 000

年　代	对　方	战场所在地	秦军斩首数目
前331秦惠文王七年	魏	褚	80 000
前318秦惠文王后七年	韩、赵、魏、燕、齐、匈奴	修鱼	80 000
前314秦惠文王后十一年	魏	岸门	10 000
前312秦惠文王后十三年	楚	丹阳	8 000
前307秦武王四年	韩	宜阳	60 000
前301秦昭王六～七年	楚	重丘、襄城	20 000
前298秦昭王九年	楚	武关	50 000
前293秦昭王十四年	韩、魏	伊阙	240 000
前280秦昭王二十七年	赵	光狼	20 000
前275秦昭王三十二年	魏	大梁	40 000
前273秦昭王三十四年	魏	华阳	150 000
前264秦昭王四十三年	韩	陉城	50 000
前260秦昭王四十七年	赵	长平	450 000
前257秦昭王五十年	赵	邯郸	6 000
前256秦昭王五十一年	韩	阳城、负黍	40 000
前256秦昭王五十一年	赵		90 000（含俘虏）
前245秦王政二年	魏		30 000
前234秦王政十三年	赵	窖	100 000

科学并未造出魔鬼，魔鬼却在有些人的心中

有人常以两次世界大战为例，指责是由于科学技术进步而带来的战争，实际上人类社会的文明程度越高，战争的威胁越小。科学和技术是今日提高文明程度的原动力，发展科

学和技术，方能普遍提高整个人类社会的生产力。人类社会是个整体，需要同舟共济的地球村意识。1991 ~ 2000 年间，全球接近 230 万人因为冲突而死亡，比起自然灾害致死的人足足多了2倍，超过七成的冲突死者来自贫穷国家。同一时期，每年平均有 3 100 万人受冲突所牵连。他们或受伤，或流离失所，或被剥夺生活基本所需。其中，超过五成是贫穷国家的国民，这些贫穷国家也正是科学技术不发达的地区。消弭战争，有待全球性的科学技术高度发达。

1945 年投在长崎和广岛的原子弹毁灭了约 21 万平民，非常残酷。但这种毁灭性武器的出现，也使好战者畏惧会同归于尽而实际上难以使用原子弹。第二次世界大战后一度被认为不可避免的世界大战，半个世纪过去了，并没有出现，而且发生的可能越来越小，这里面就有科学和技术高度发达后产生的自我威慑的约束作用。同时我们不能忽略，2 200 多年前，秦在伊阙战役中杀掉的将士，比原子弹在长崎和广岛造成的死亡还要多；白起和项羽先后分别坑掉的数十万俘虏，使用的不过是木棍。这也充分说明，把人推向残酷的，不是科学技术，而是人本身。科学技术没有制造魔鬼，魔鬼却在有些人的心中。看一看，今日世事之纷扰，发动战争和恐怖主义的出现与猖獗，是最清楚不过的说明。

人类只有爱护地球、保护环境才能生存

早在 1968 年成立的学术团体——罗马俱乐部就提出过地球上资源有限，而人类对资源的消费无限且正在激增的观点。现在又有人重提，像煤和石油，是地球在几十亿年中积攒下来的不可再生能源，总归是有限的。以目前的开采速度，在一个不远的将来， 也许在我们的有生之年，就能看到它被彻底耗光。如果到时候没有新的能源供应，文明社会就会土

崩瓦解。

罗马俱乐部的观点，虽然未得到学术界的一致认同，相当多的学者从积极的方面提出了乐观的预测，但它提醒和促进了人们去寻求可持续发展的对策，是有意义的。时至今日，旧话重提，未尝不可，但具体到认为在我们的有生之年，文明社会便会土崩瓦解，则未免有点危言耸听。固然这里有句限制语，“如果到时候没有新的能源供应”，但仅就煤和石油本身而言，也远不会到这样短缺的程度。

作为资源，已不是一个自然的概念而是一个经济的概念，是否匮乏，不仅看资源本身量的多少，还取决于个人对资源的需要量和人口的数量，取决于人所具有的开发资源的能力。

因此，拿石油来说，濒临枯竭的警告已发出过多次。1925 年查到的世界石油储量为 412.3 亿桶，按当时的年消费 10.9 亿桶计算，到 1965 年世界上就没有石油可采了。然而到 20 世纪末，不仅未采光，而且拥有的石油储量比 1925 年时还多。更不用说煤了，因为它污染环境，生产在收缩，像加拿大有的煤矿已被封存。其他矿产储备，从全球角度来看，在相当长的时间内也不虞匮乏。

当然，石油和煤不可再生是事实，而进入工业社会以后，能源的消耗大大增加，也是事实。但怎样才能减少能源的消耗以及对环境的破坏呢？对科学持批评态度者认为：人类需要改变生活方式，科学需要改变发展方向。

改变成什么样的生活方式呢？人类学家 Fred Plog 在巴布亚新几内亚山地的考察，发现生活在那里的一个生产力仍处于原始状态的部族，便看不到他们对生态有什么破坏。但我们能回到这样的原始社会生活吗？恐怕没有几个人愿意，事实上也不可能。这个部族只有 200 人，占有可耕地 6 000 亩，即 30 亩地才养活一口人。

今天人类的生活方式确实有的需要改变，但不仅改，还得进，即不断发展。因为，地球与人是一个组合在一起的系统，而这个系统是在不可逆地演变。芸芸众生，纷繁物种，在这演变过程中，此生彼灭，何只万千。人要生存下去，只能爱护地球，保护环境，随整个系统的健康演变而发展，不可能回到原始。

遥想当年，和北京猿人一起生活在周口店的野兽，今天大多在这里看不到了，更有一大半已在地球上绝灭。但人类生存下来了，并学会用火、制造工具、种植，直至今日建立现代文明，进化足迹一步一个。今日也只有继续健康发展下去才是求存之道。

进化不可逆，科学不可侮。

站在十字路口的人类

1972 年 6 月，联合国首次在瑞典的斯德哥尔摩召开了人类环境会议。会议宣言指出，现已达到历史上这样一个时刻：为这一代和将来的世世代代保护和改善人类环境，已成为人类一个紧迫的目标。20 年后各国首脑又在巴西的里约热内卢集会，再次提出，保护环境是实现社会可持续发展的重要条件，而人类正处在关键的位置。

认识到环境问题的存在及其严重性，是人类的一大进步。如仅从科学技术的角度来看，现今的环境问题，应该是完全有可能解决的。这已在一些地区、一些方面得到证明。

污染已有许多办法来控制，一些工厂排出的废水、废气经过处理，有害成分可大大减少；困扰人们的固体垃圾已在作为资源循环使用，节约了资源也改善了环境。燃烧煤炭是污染的主要根源，它正逐渐被其他更“干净”的能源所代替。还有 DDT 已停止使用，禁用氟氯烃、含铅汽油的国家也越来越多。一些被污染的城市、河流，变得空气清新，流水清澈。

人口也是可以控制的，20 世纪 80 年代以来，世界人口增长率已从 20 世纪 60 年代年增长 2% 下降到 90 年代末的 1.33%， 2000 年后进一步下降为 1.2%，我国已低于这个平均值，发达地区更已变为负增长（-0.2%），全球人口的绝对数字虽还有增加，但增长的势头已经放缓。

因此，尽管当前环境问题严重，对我们这些发展中的国家来说，不能也不必用减缓社会经济的发展速度，甚至零增长的办法来维护环境，依靠科学技术特别是高新技术，在发展中解决环境问题，才是出路。

照此说来，人类的前途是光明的。然而，这需要全人类一致的行动，用科学来规范自己的行为，做到与自然和谐、协调地发展。不过，由于地球上的人们分别属于不同的国家、不同的地区，具有不同的文化背景和价值观，对环境问题的认识要达到全体统一，不免存在许多困难和障碍，但各国首脑都同意：人类是在一个生物圈内，空气和水应该共享和共管。可惜目前常见的现象是享用时争先，承担责任时退缩，这又如何能做到人与环境的和谐？一个很现实的问题是治理污染需要花很多的钱。中国记者在德国科隆看到的一个火力发电厂“映照在蓝天白云之下，一尘不染，恍惚是一件艺术品”。这个厂的投资有 1/3 用于环保设施。那些工业发达的国家最先毁坏森林，大量燃烧煤炭，在地球上以破坏环境为代价，先富了起来。现在他们可以不砍伐自己的森林而去买别国的木材；也有钱去防治污染，获得洁净的水与空气，但这是全人类为他们付出了巨大环境代价的结果。据 1999 年 4 月设在美国华盛顿特区的世界资源研究所的报告，工业革命以来，大气中增加的二氧化碳有 65% 来自美国及其他工业发达的国家。20 世纪中，美国排放到大气中的二氧化碳为中国的 3.5 倍。联合国为 1972 年人类环境会议组织编写的背景材料《只有一个地球》中指出，当时发达国家人口不到全世界人口的 33%，然而其资源使用量已占到世界不可再生资源的 75% 。现在发展中国家要赶上来，他们不得不再次付出沉重的环境代价，因此应该历史地、公正地看待他们因发展而带来的环境问题。

我国是一个负责任的大国，尽管还处于发展中阶段，但仍投入了巨资治理污染，维护生态环境，不仅从管理上，而且还从法律上给予保证，已经制定了《中华人民共和国矿产资源法》、《中华人民共和国环境保护法》、《中华人民共和国土地管理法》、《中华人民共和国森林法》、《中华人民共和国水法》、《中华人民共和国水土保持法》、《中华人民共和国草原法》、《中华人民共和国野生动物保护法》、《地质灾害防治条例》等法规和条例，并采取了很多措施保护和改善环境。

遗憾的是，目前只看到局部利益和短期利益的人，还为数不少，因此，尽管世界上通过了不少共同合作保护环境的公约、协议和宣言，但实行常受干扰。而在一些国家与国家之间，乃至一个国家内部各个利益集团之间，各个地区之间，仍在纷争不已，甚至兵戎相见，这又如何能做到协调一致地去维护人类的家园？战争就是对地球环境最严重和最快速的破坏。《老残游记》的作者刘鹗，用一场噩梦作为小说的开篇：一条大船快要沉没了，船上的人不去设法抢救，却仍在那里你争我夺。他在这里影射的是清朝末年的中国，而这难道不正是当今世界的写照？照此看来，似乎又应该悲观。

破坏环境、生态濒临失衡；维护环境、社会持续发展 。这就是站在十字路口的我们人类所面临的两种前途。如果大家都能对人类所处的环境形势有科学的认识，作出正确的选择，世界就大有希望。当我们看到地球犹如载有生灵的一叶孤舟，飘摇在无边的宇宙之中，为何不能放弃各种偏见和一己（包括某一个集团）私利，而同舟共济呢？当我们认识到人和大自然互相依存的关系之后，难道还非要把自己摆在大自然的对立面，逆自然规律而斗个不休吗？一个人要是能找对在大自然中所处的位置，那将是一种精神层面的升华。到那时，“各人自扫门前雪”、“以邻为壑”的封闭观念将会自行消失，大自然在他的眼里将会更加美好，“侣鱼虾而友麋鹿”，将不只是苏东坡诗意的想象，而是客观的现实。

问题是，如果大多数人仍处于愚昧无知的状态，或有科学知识的、对社会真正负责任的人们不能自由表达意见并占主导地位，而让少数愚昧无知或私利（包括某一集团的利益）至上的人控制着人类社会，人类的前途就十分可忧。因此，我们不能不佩服我国“五四”运动先行者的真知灼见，发扬科学与民主的精神以求自强，这不仅是中国的治病良方，也是使地球村求得和谐，能够同舟共进的正确道路。争取改善环境和争取社会进步，是互相依存，缺一不可的两件大事，通过坚持不懈的努力，科学地处理好与地球的协调发展，建设一个民主的大同世界，实乃人类长期奋斗的目标和理想境界。

站在十字路口的人类正面临着严峻的考验。

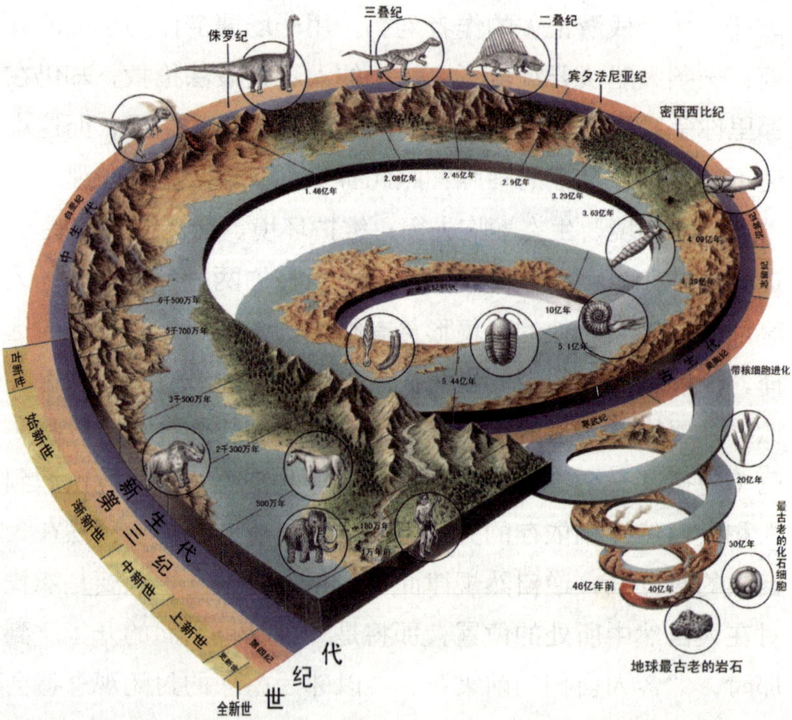

地球历史的地质时代线